高职高专公共基础课规划教材

GAOZHIGAOZHUAN GONGGONG JICHUKE GUIHUA JIAOCAI

计算机应用基础

实训指导

主　编　吕　岩

副主编　俞　明

编　写　胡　颖　李　谦

主　审　密君英

中国电力出版社

http://jc.cepp.com.cn

内 容 提 要

本书为高职高专公共基础课规划教材。

本书共分7章，设计实训题目27个，通过介绍案例的操作步骤，讲解计算机基础知识、Windows操作系统、Word 2007文字处理软件、Excel 2007电子表格处理软件、PowerPoint 2007电子文稿制作软件、计算机网络以及常用工具软件等。为便于读者学习，每个实训题目后均附有“实践与提高”操作题目，通过“任务驱动”，强化理论知识的理解，提高计算机应用技能。本书编写力求体现实用性和操作性，实例丰富、图文并茂、语言精练、深入浅出。

本书可作为高职高专院校计算机基础课程实训指导教材，也可作为广大电脑爱好者学习的自学教材或参考用书。

图书在版编目（CIP）数据

计算机应用基础实训指导 / 吕岩主编. —北京：中国电力出版社，2010.8 (2017.1 重印)
高职高专公共基础课规划教材
ISBN 978-7-5123-0554-0

Ⅰ. ①计… Ⅱ. ①吕… Ⅲ. ①电子计算机－高等学校：技术学校－教学参考资料 Ⅳ. ①TP3

中国版本图书馆CIP数据核字（2010）第114665号

中国电力出版社出版、发行
(北京市东城区北京站西街19号 100005 http://jc.cepp.com.cn)
汇鑫印务有限公司印刷
各地新华书店经售
*
2010年8月第一版 2022年4月北京第十二次印刷
787毫米×1092毫米 16开本 9.5印张 224千字
定价 15.50 元

前言

计算机应用基础是高等学校各专业的一门重要公共基础课，教学目标是使学生掌握计算机的基础知识和基本技能，培养学生综合应用计算机解决实际问题的能力，为学生后续相关课程的学习打下基础，提高学生以计算机为工具解决本专业及相关应用领域中问题的能力。

本书是《计算机应用基础教程》的配套教材，同时又具独立性，充分考虑了高等职业教育的培养目标、教学现状和发展方向。在编写中突出了应用性和能力培养。大量具体的操作步骤、实践应用技巧、接近实际的实训教材保证了本书的应用性。本书在编写过程中，从课程教学和实际应用出发，借鉴相关课程教学改革的经验和成果，对实训的安排十分有特色，不只是讲解实训本身，完成本次实训任务，而且注重实训几个方面的内容。“实训目的与要求”模块是完成实训应该掌握的知识；“实训内容与步骤”模块是实训应该完成的内容，以及完成本次实训应该具有的知识和一般方法；“实践与提高”模块给出了一些实际操作题目，使学生通过实践掌握操作方法。

本书由营口职业技术学院老师编写，吕岩担任主编，俞明担任副主编。吕岩编写了第1、2、4章，俞明编写了第3章，胡颖编写了第6、7章，李谦编写了第5章。

本书由苏州农业职业技术学院密君英副教授担任主审。在本书编写过程中，营口职业技术学院的领导给予了大力支持，同行们也提出了许多宝贵的意见和建议，同时还参考了许多专家学者的文献资料。在此一并致谢。

限于作者水平，书中难免存在疏漏和错误之处，敬请广大读者批评和指正。编者的E-mail为ykdxluyan@163.com。

编　者

2010年2月

前言

目 录

第 1 章

计算机基础知识

实训 1.1　认识微型计算机

【知识要点】

微型计算机的各部分器件外观；性能指标及作用。

【实训目的与要求】

（1）了解微型计算机的组成。

（2）熟悉各主要部件的外观。

（3）掌握显示器的调节方法。

【实训内容与步骤】

1. 观察微型计算机外观

（1）观察微型计算机，认识主机、显示器、键盘和鼠标等。微型计算机外观如图 1-1 所示。

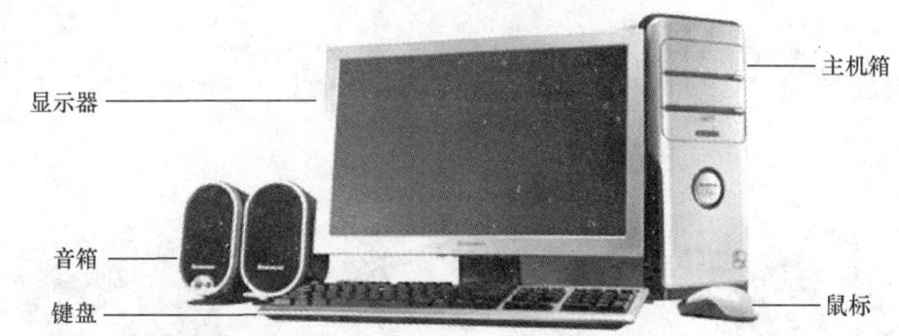

图 1-1　微型计算机外观

（2）观察主机箱正面面板，指出电源开关、复位按钮、光盘驱动器、USB 及其他部件插口。主机箱正面面板如图 1-2 所示。

（3）观察主机箱背面面板，查看电源插口、键盘插口、鼠标插口以及连接显示器、并行打印机、网线等的插口。主机箱背面面板如图 1-3 所示。

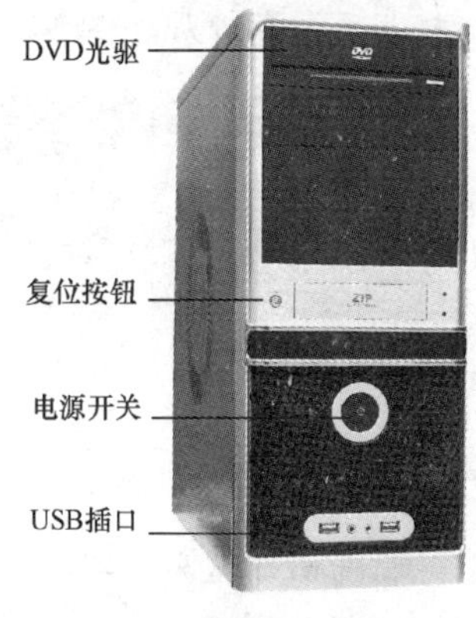

图 1-2　主机箱正面面板

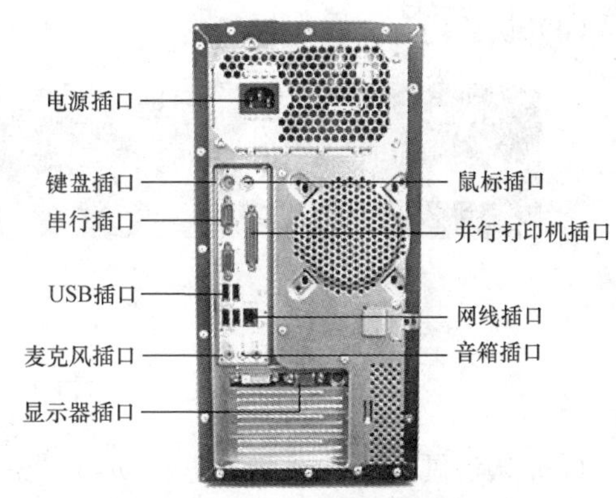

图 1-3　主机箱背面面板

2. 识别主机箱内的主要部件

（1）准备好组装计算机硬件常用的工具，包括十字螺丝刀、一字螺丝刀、镊子、尖嘴钳等。在教师指导下，打开主机箱。

（2）认识主板。在主机箱内，观察主板上面的芯片组、CPU插座、电源插座、内存条插槽、PCI总线扩展插槽、AGP显卡插槽、键盘和鼠标接口以及外部接口插槽。主板外观如图1-4所示。

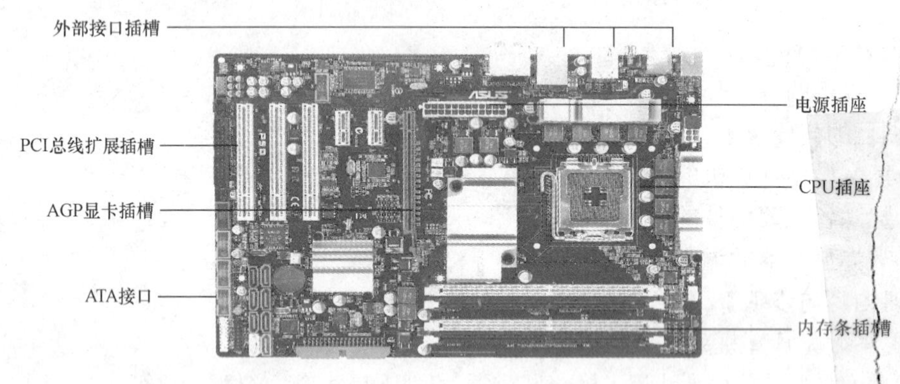

图1-4 主板

（3）认识中央处理器（CPU）。在主机箱内，查看CPU，记录型号。CPU外观如图1-5所示。

图1-5 CPU

（a）AMD处理器；（b）酷睿处理器；（c）奔腾处理器

（4）认识内存。在主机箱内，查看内存，记录型号、大小。内存外观如图1-6所示。

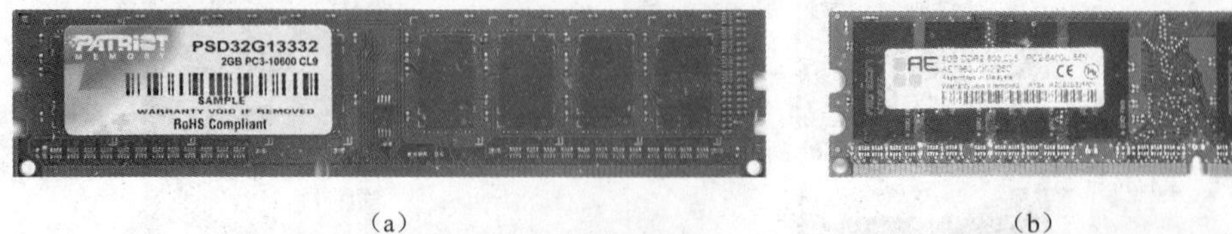

图1-6 内存

（a）2GB PC3；（b）4GB PDR2

（5）认识硬盘驱动器和光盘驱动器。在主机箱内，观察硬盘和光盘驱动器，查看型号、数据线和电源线接口。磁盘驱动器外观如图1-7所示。

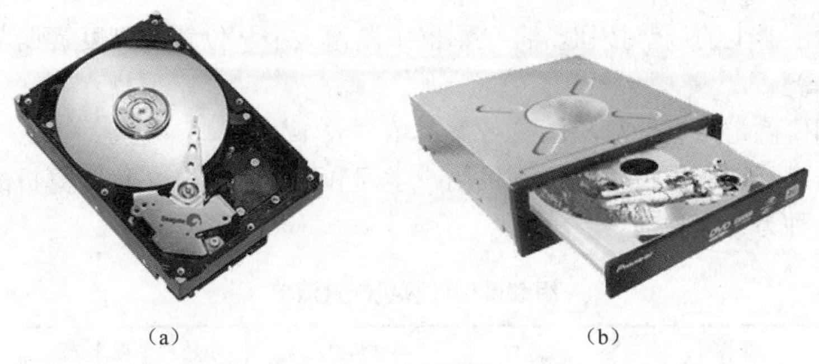

（a）　　（b）

图 1-7　磁盘驱动器

（a）硬盘；（b）光盘驱动器

（6）认识适配器。在主机箱内，观察显示卡、声卡、网卡等，记录型号。显示卡、声卡和网卡外观如图 1-8 所示。

说明：有的微型计算机采用主板集成的显示卡、声卡和网卡，降低了整机的成本。

（7）认识电源。在主机箱内，观察电源，查看电源的接线。电源外观如图 1-9 所示。

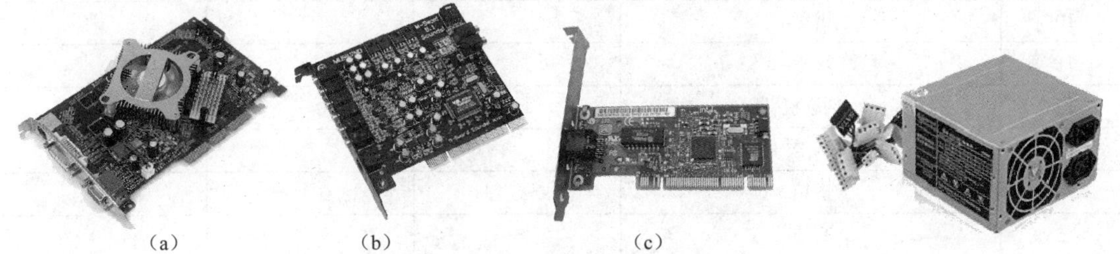

（a）　　（b）　　（c）

图 1-8　显示卡、声卡和网卡

（a）显示卡；（b）声卡；（c）网卡

图 1-9　电源

（8）根据步骤（1）～（7）的操作，填写表 1-1。

表 1-1　　微型计算机硬件设备情况

部　件　名　称	型号	部　件　名　称	型号
处理器（CPU）		光盘驱动器	
主板		显示卡	
内存		声卡	
硬盘		网卡	

3. 显示器的调节

（1）认识显示器面板上的电源开关及调节按钮。显示器调节按钮如图 1-10 所示。

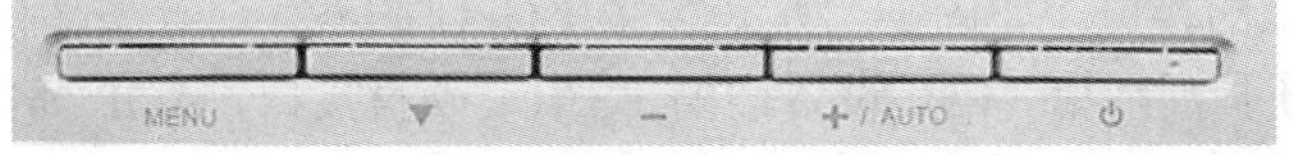

图 1-10　显示器调节按钮

（2）使用显示器上的调节按钮，将显示器中图像大小、位置及亮度等调节到合适状态。

【实践与提高】

通过市场调研确定微型计算机配置方案，填写表 1-2。

要求：根据最新市场报价，提供满足用户学习和娱乐需求各 2 种计算机配置方案，一种是经济型的，一种为豪华型的。

表 1-2 组装微型计算机配置清单

序号	部 件 名 称	型号	是否主板集成	价格（元）
1	机箱与电源			
2	主板			
3	CPU			
4	内存			
5	显示卡			
6	显示器			
7	硬盘			
8	光驱			
9	声卡			
10	键盘			
11	鼠标			
12	刻录机			
13	网卡			
14	音箱			
15	其他			
总计				

实训 1.2 微型计算机硬件的组装

【知识要点】

微型计算机接口及连线；开机与关机；外部设备。

【实训目的与要求】

（1）熟悉微型计算机各部件的接口，掌握各部件的连线方法。

（2）掌握计算机正确的开机、关机方法。

（3）了解常用的计算机外部设备。

【实训内容与步骤】

1. 微型计算机硬件的组装

（1）准备好十字螺丝刀、一字螺丝刀、镊子、尖嘴钳子等主要工具。

（2）熟悉主板上的接口。如图 1-4 所示，查看 CPU 插座、内存条插槽、主板电源接口、CPU 电源接口、PCI 扩展插槽、IDE 设备插槽、SATA 硬盘接口，AGP 插槽或者 PCI-E 插槽、CPU 或显示卡散热器电源接口等。

（3）在主板的 CPU 插座中安装 CPU，其上安装散热风扇。注意在安装时用硅胶使其连接紧密。

（4）在主板的内存插槽中安装内存条。

（5）打开机箱，将主板固定到机箱的托板上。

（6）卸下机箱的接口挡条，在 AGP 或 PCI-E 接口中安装显示卡。同样操作，在 PCI 插槽中安装声卡与网卡。

（7）将硬盘、光驱在机箱上特定的位置进行固定。连接硬盘和光驱，硬盘、光驱的接口包括数据线接口和电源线接口，其中硬盘分别为 IDE 接口与 SATA 接口两种规格。将 IDE 硬盘、光驱的数据线接口经过连线与主板的 IDE 接口相连接，对于 SATA 接口硬盘，其数据线接口需经过连线与主板上提供的 SATA 接口连接。

提示：在选购硬盘时，应注意观察主板上是否支持 SATA 接口，否则就不能选购 SATA 接口硬盘。

（8）将电源固定在机箱内，电源通过内部的变压器将交流电转换为低压直流电，为主板和外存储设备供电。电源输出插头有 20 芯主板电源接头、4 芯 CPU 电源接头、4 芯 IDE 接头等，还有专为显示卡提供的 6 芯接头，将主板各部件接口与电源接头连接。

（9）主机箱面板的连接。主机箱面板上有电源指示灯、硬盘指示灯、前置 USB 接口、电源开关和复位按钮等，用连线将其与主机箱面板上的 POWER SW、RESET SW、POWER LED、SPEAKER、HDD LED、前置 USB 接口以及 COM 串行口外置接口等相连接。主机箱面板连线如图 1-11 所示，连线与主机箱面板插口的对应关系见表 1-3。

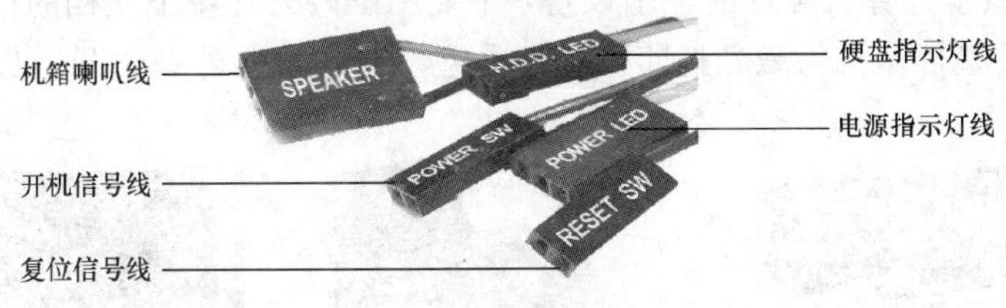

图 1-11　主机箱面板连线

表 1-3　连线与主机箱插口的对应关系

连　　线	标　　注	作　　用	连线颜色	主板插口
开机信号线	POWER SW	连接开机按钮	白色和红色	PWR
复位信号线	RESET SW	连接 RESET 按钮	蓝色和白色	RESET
硬盘指示灯线	POWER LED	提示硬盘工作状态	白色和红色	HDD LED
机箱喇叭线	SPEAKER	开机声音报警	黑色和红色	PWR

（10）将机箱封盖，机箱内部连接完成。

2. 微型计算机机箱外的接口与连接

（1）参照实训 1.1 中的图 1-3，熟悉机箱外接口。

（2）将显示器连接到 VGA 接口。

（3）连接键盘与鼠标。

（4）连接打印机到并行口。

（5）连接音箱、麦克风及其他 USB 设备，如扫描仪、数码相机等。

3. 开机

（1）检查微型计算机各部件、设备连接和安装是否正确。

（2）打开外部设备（显示器、打印机）电源开关。

（3）按下主机箱上的电源开关（通常标记为“Power”），系统首先进行硬件自检，然后自动对内存进行测试，稍后自动启动操作系统。

提示：打开计算机电源后，可按下“DEL”键进入计算机的 CMOS 程序，检测计算机识别到的硬件信息。

4. 关机

（1）从光驱取出光盘。

（2）退出操作系统，关闭主机。

（3）关闭外部设备（如显示器、打印机等）的电源。

提示：在 Windows 操作系统中，当退出操作系统时，大多数情况电源自动关闭。

5. 常用外设的使用

（1）打印机的使用。

1）打印机是微型计算机可选的输出设备，主要用于办公环境下文档的打印。打印机主要有针式打印机、喷墨打印机与激光打印机三种类型，打印机的外观如图 1-12 所示。

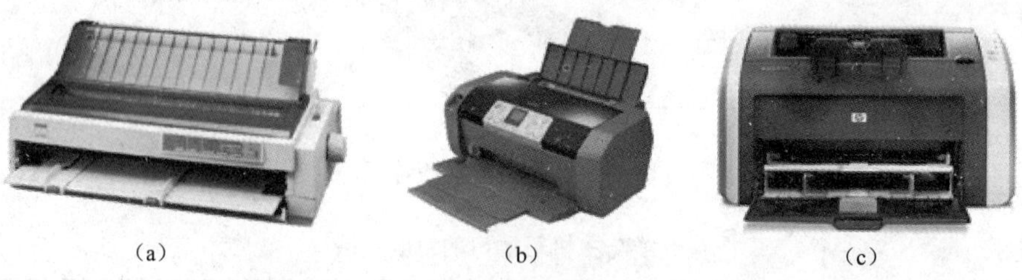

（a）　（b）　（c）

图 1-12　打印机

（a）针式打印机；（b）喷墨打印机；（c）激光打印机

2）将打印机数据线与主机并行口（或 USB 接口）连接，打开打印机电源开关，打开主机开关，启动计算机，观察计算机启动时打印机的响应。

3）在打印机纸架上放置纸张，打印文件（或照片），观察打印机的工作过程和打印效果。

提示：三种打印机，各有适用的环境及其优缺点。如果条件允许，分别用针式、喷墨和激光打印机进行打印，比较打印速度和打印效果。

（2）扫描仪的使用。

1）扫描仪是微机可选的输入设备，其功能是将纸张上的图形图像输入到微机中去。扫描仪的核心元器件是 CCD 的感光元件，其外观如图 1-13 所示。

2）将扫描仪通过 USB 线与主机连接，打开电源开关。

3）抬起扫描仪的上盖，放入一张待扫描的照片。

4）设置不同的分辨率多次扫描同一张照片，观察扫描速度。

5）将在不同分辨率下扫描的照片分别打印输出，比较照片效果。

图 1-13　扫描仪

（3）音箱的使用。

1）音箱是微机的可选输出设备，按图 1-3 将音箱与主机连接，打开音箱电源开关。

2）在光盘驱动器中放入 CD 盘（或 VCD 盘）播放音乐，分别通过音箱上的音量调节按钮和 Windows 桌面上的音量控制按钮调节音量。

【实践与提高】

1. 微型计算机组装

根据实训 1.1 中确定的微型计算机配置方案，组装个人用微型计算机，或对现在微型计算机进行重新组装。

2. 微型计算机外设的使用

在微型计算机上连接耳麦、摄像头、U 盘等外部设备，并进行测试使用。

第 2 章

Windows 操 作 系 统

实训 2.1　Windows XP 的基本操作

【知识要点】

桌面；窗口；对话框；菜单；工具栏。

【实训目的与要求】

（1）掌握 Windows XP 操作系统的启动与退出方法。

（2）掌握 Windows XP 操作系统桌面的组成及基本操作。

（3）掌握 Windows XP 操作系统窗口的组成及基本操作。

（4）掌握 Windows XP 操作系统菜单的类型及基本操作。

（5）掌握 Windows XP 操作系统应用程序的启动和退出方法。

【实训内容与步骤】

1. Windows XP 操作系统的启动与退出

（1）Windows XP 操作系统的启动。打开显示器等外部设备电源后，再打开微机主机电源，系统自动启动 Windows XP 操作系统，显示用户登录界面，单击用户图标，自动进入 Windows XP 操作系统桌面，如图 2-1 所示。

图 2-1　Windows XP 操作系统桌面

提示：如果 Windows XP 操作系统的管理员用户（Administrator）设置了口令，或设置了其他用户和口令，单击用户图标时，需在弹出的文本框中输入正确的密码，按"Enter"键后进入 Windows XP 操作系统桌面。当以不同的用户身份登录系统时，呈现的桌面也会有所不同。

（2）Windows XP 操作系统的退出。单击“开始”按钮，从“开始”菜单中选择“关闭计算机”命令，打开“关闭计算机”对话框，单击“关闭”按钮，退出 Windows XP 操作系统，同时自动关闭主机电源，如图 2-2 所示。

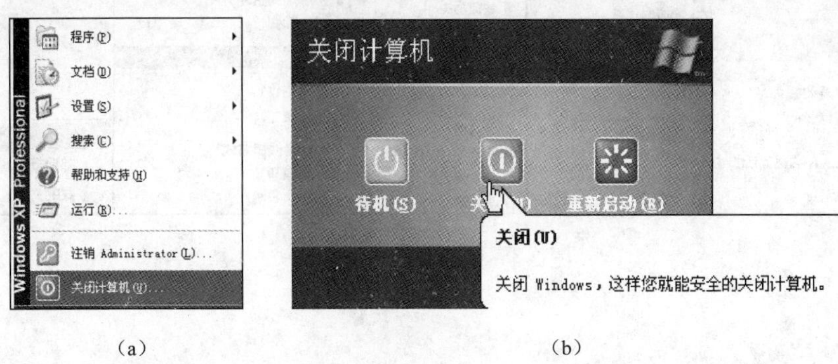

（a） （b）

图 2-2 Windows XP 操作系统的退出

（a）开始菜单；（b）“关闭计算机”对话框

提示：退出 Windows XP 操作系统时，如果有修改但没有保存的文档，系统会提示用户进行保存。

2. 桌面对象操作

（1）图标操作。操作步骤如下：

1）移动图标。将鼠标指针指向“我的电脑”图标，拖动鼠标，将图标移动到桌面右上角释放鼠标。同样操作将“回收站”图标移动到桌面左下角，“我的文档”图标移动到桌面中央。

2）排列图标。在桌面空白处右击鼠标，弹出快捷菜单，将指针指向“排列图标”命令，弹出下一级子菜单，分别选择“名称”、“大小”、“类型”、“修改时间”命令，重新排列桌面图标，观察图标位置的变化，如图 2-3 所示。

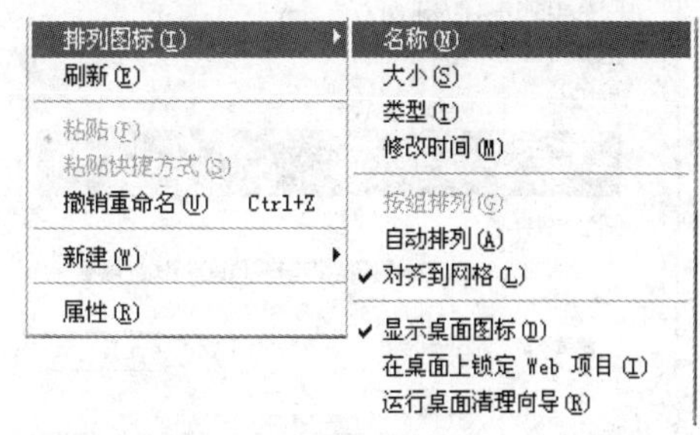

图 2-3 排列图标快捷菜单

提示：在图 2-3 中，选中“自动排列”复选框，则桌面图标处于自动排列状态，此时移动图标，图标自动从左向右排列，不再停留在桌面任意位置。

3）创建桌面快捷方式图标（以画图为例）。创建桌面快捷方式图标操作方法很多，操作时可选择以下方法之一：

① 单击“开始”按钮，移动鼠标到“程序”→“附件”→“画图”处，右击鼠标，从弹出的快捷菜单中，选择“发送到”→“桌面快捷方式 ”命令，如图 2-4 所示。

② 按住“Ctrl”键拖动鼠标到桌面空白处，释放鼠标和键盘，则在桌面创建了启动“画图”的快捷方式图标。

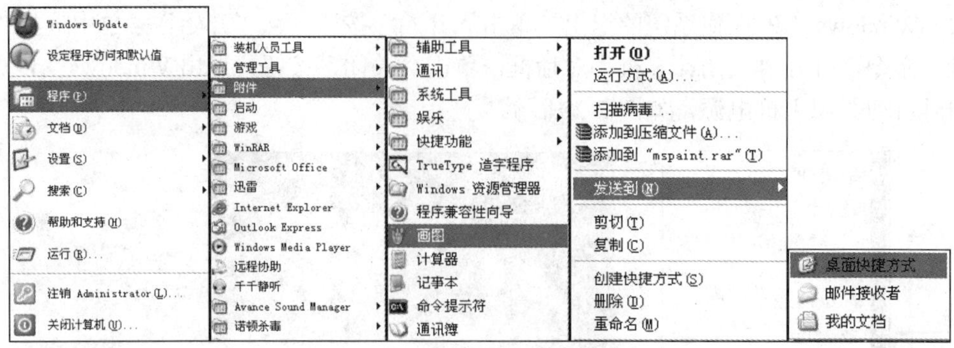

图 2-4 创建桌面快捷方式

提示：在桌面空白处右击鼠标，从弹出的桌面快捷菜单中，选择“新建”→“快捷方式”命令，打开“创建快捷方式”向导对话框，按向导提示也可创建桌面快捷方式。

此外，图标的操作还包括删除和重命名等，这些操作将在文件和文件夹操作中重点练习。

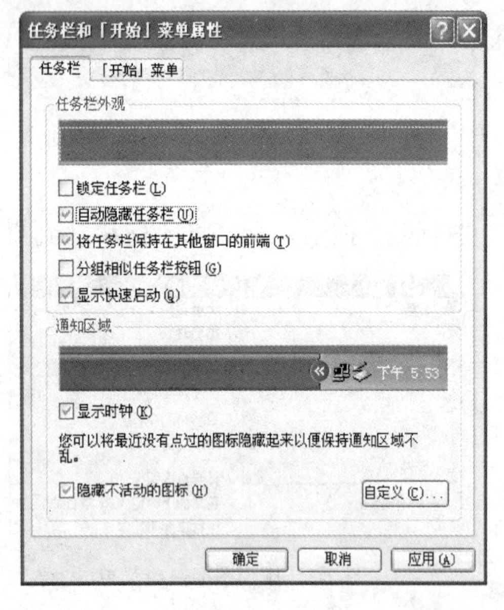

图 2-5 “任务栏和开始菜单属性”对话框

（2）“任务栏”操作。操作步骤如下：

1）设置“任务栏”自动隐藏。右击任务栏空白区域，从弹出的快捷菜单中选择“属性”命令，打开“任务栏和开始菜单属性”对话框。在“任务栏”选项卡上，选中“自动隐藏任务栏”复选框，单击“应用”或“确定”按钮，如图 2-5 所示，此时“任务栏”设置为自动隐藏，即只有当鼠标移动到任务栏所在区域时，任务栏才会显示。

2）设置“任务栏”位置。将鼠标移动到“任务栏”空白处，拖动鼠标到桌面的右侧，此时随鼠标出现一个虚线框，释放鼠标，则“任务栏”被移动到桌面的右侧。同样操作，可将“任务栏”移动到桌面的左侧或上部。

3）设置“任务栏”大小。将鼠标指向“任务栏”的边缘，当指针变为“↕”形状时，在垂直方向拖动鼠标，此时随鼠标移动出现一个虚线框，当调整大小约为 2cm 高时，释放鼠标。同样操作，将“任务栏”调整为不同的高度。

说明：一般情况下，“任务栏”位于桌面的下方，约 1 厘米宽。

3. 窗口操作

（1）打开窗口。在桌面上分别双击“我的电脑”图标、“我的文档”图标，先后打开“我的电脑”、“我的文档”窗口，如图 2-6 所示。

图 2-6　窗口

说明：当打开一个窗口后，此窗口为活动窗口，窗口标题栏为蓝色，“任务栏”上会出现相应的窗口按钮，且为按下状态。当再打开一个窗口后，新打开窗口成为活动窗口，先前的活动窗口变成非活动窗口，标题栏变为灰蓝色，“任务栏”上的按钮变为弹起状态。

（2）切换窗口。单击“我的电脑”窗口上任意位置，或双击“任务栏”上“我的电脑”按钮，使“我的电脑”窗口成为活动窗口。同样操作，切换窗口，使“我的文档”窗口成为活动窗口。

注意：任何时刻活动窗口只有一个，位于最顶层，覆盖其他窗口，用户操作窗口必须是活动窗口。

（3）移动窗口。将鼠标移动到“我的电脑”窗口的标题栏上，拖动鼠标，将窗口移动到合适位置后释放鼠标，同样操作移动“我的文档”窗口到合适位置。

（4）窗口大小的调整。操作步骤如下：

1）最大化窗口。单击“我的电脑”窗口右上角的“最大化”按钮，窗口占满全屏，同时该按钮变为“还原”按钮；或双击任务栏上“我的电脑”按钮，也可使窗口最大化。

2）还原窗口。单击“我的电脑”窗口右上角的“还原”按钮，窗口还原，同时该按钮变为“最大化”按钮。

3）最小化窗口。单击“我的电脑”窗口的“最小化”按钮，窗口缩小显示为“任务栏”上的一个按钮；或直接单击“任务栏”上的“我的电脑”窗口按钮也可把窗口最小化。

4）任意调整窗口大小。将光标移动到“我的电脑”窗口的边框或四角位置，当鼠标指针变为“↕”、“↔”、“⤢”、“⤡”形状时拖动鼠标，将窗口调整到合适的大小。

注意：窗口最大化或最小化后，不能使用鼠标拖动的方法调整窗口的大小或移动窗口的位置。

层叠窗口(S)
横向平铺窗口(H)
纵向平铺窗口(E)
显示桌面(S)
撤销层叠(U)

图 2-7 “任务栏”快捷菜单

（5）窗口的平铺。在任务栏空白处右击鼠标，弹出快捷菜单，如图 2-7 所示。分别选择“层叠窗口”、“横向平铺窗口”和“纵向平铺窗口”命令，观察窗口的位置情况。

（6）关闭窗口。单击“我的电脑”、“我的文档”窗口的“关闭”按钮☒，或按“Alt+F4”组合键关闭窗口。

4. 菜单操作

（1）“开始”菜单操作。操作步骤如下：

1）自定义“开始”菜单。右击任务栏空白区域，从弹出的快捷菜单中选择“属性”命令，打开“任务栏和开始菜单属性”对话框，如图 2-8（a）所示。在“开始菜单”选项卡上，单击“自定义”按钮，打开“自定义经典开始菜单”对话框，如图 2-8（b）所示。在该对话框中，单击“添加”或“删除”按钮，自定义“开始”菜单；单击“清除”按钮，删除最近使用过的文档。

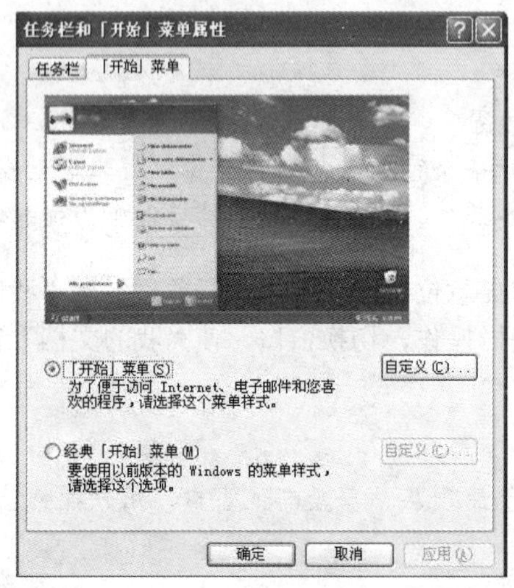

（a）

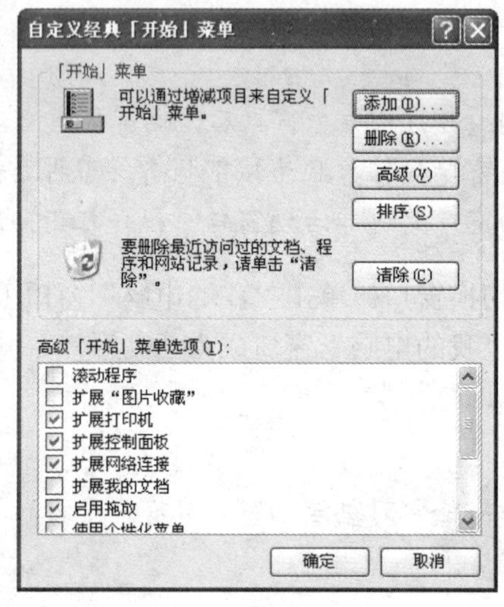

（b）

图 2-8 自定义“开始”菜单

（a）“任务栏和开始菜单属性”对话框；（b）“自定义经典开始菜单”对话框

2）通过“开始”菜单访问应用程序。单击“开始”按钮，选择“程序”→“附件”→“画图”命令，启动画图应用程序。同样操作方法，启动记事本应用程序或其他应用程序。

（2）快捷菜单操作。操作步骤如下：

1）在桌面空白处右击鼠标，弹出桌面快捷菜单，选择“排列图标”→“名称”命令，观察桌面图标的位置变化情况。

2）将鼠标移动到“我的电脑”图标处，右击鼠标，弹出我的电脑快捷菜单，比较与上一步骤中弹出的快捷菜单有何不同，同时选择“打开”命令。

（3）控制菜单操作。在打开的“我的电脑”窗口中，单击窗口左上角的应用程序控制菜单图标，打开控制菜单，选择菜单项，分别实现窗口的最大化、还原、最小化、移动和关闭等操作。

（4）菜单命令操作。在打开的“我的电脑”窗口中，单击“查看”菜单项，从下拉菜单中选择“详细信息”命令。

5. 应用程序的启动与退出

（1）应用程序的启动。单击“开始”按钮，选择“程序”→“附件”→“计算器”命令，启动计算器应用程序，观察任务栏中显示的信息。

提示：单击“开始”按钮，选择“运行”命令，在“运行”对话框中选择或输入文件名也可启动应用程序。

（2）应用程序的退出。应用程序退出的方法很多种，操作时可以选择其中的一种。

1）鼠标单击应用程序标题栏右侧的“关闭”按钮。

2）双击应用程序标题栏上的控制菜单图标。

3）单击应用程序标题栏上的控制菜单图标，在打开的控制菜单中选择“关闭”命令。

4）在应用程序菜单中，选择“文件”→“关闭/退出”命令。

5）按“Alt＋F4”组合键。

【实践与提高】

1. Windows 操作系统的启动和退出

（1）分别以不同的用户身份登录 Windows 操作系统，观察桌面设置的区别。

（2）分别应用键盘快捷键和“Alt＋F4”组合键退出 Windows 操作系统。

2. 桌面操作

（1）设置桌面图标为自动排列方式。

（2）创建启动记事本、画图等应用程序的桌面快捷方式。

（3）设置锁定任务栏，即任务栏总在最前方。

3. 窗口操作

（1）打开 3 个以上窗口，采用不同方式切换活动窗口。

（2）设置窗口为横向或纵向平铺。

（3）调整各窗口为最大化、最小化和任意大小。

4. 菜单操作

（1）应用“开始”菜单启动 Windows 自带的应用程序，如画图、记事本、计算器、录音机及各种游戏程序等。

（2）应用控制菜单完成对窗口的最大化、最小化、还原和关闭操作。

实训 2.2 文件夹和文件的管理操作

【知识要点】

我的电脑；资源管理器；回收站；文件；文件夹。

【实训目的与要求】

（1）掌握“我的电脑”窗口的组成及操作。

（2）掌握“资源管理器”启动方法、窗口的组成及操作。

（3）掌握文件夹和文件的操作。

（4）了解“回收站”的基本操作。

【实训内容与步骤】

1．“我的电脑”窗口的组成及操作

（1）双击桌面“我的电脑”图标，打开“我的电脑”窗口，依次单击各逻辑盘，查看详细信息，如图 2-9 所示。

（2）单击工具栏上“查看”按钮右侧箭头，分别选择“缩略图”、“平铺”、“列表”、“详细信息”等命令，观察逻辑盘符的图标及显示信息的变化情况。

（3）右击“本地磁盘（D:）”图标，从弹出的快捷菜单中选择“属性”命令，打开“本地磁盘（D:）属性”对话框，选择“常规”选项卡，查看详细信息，如图 2-10 所示。

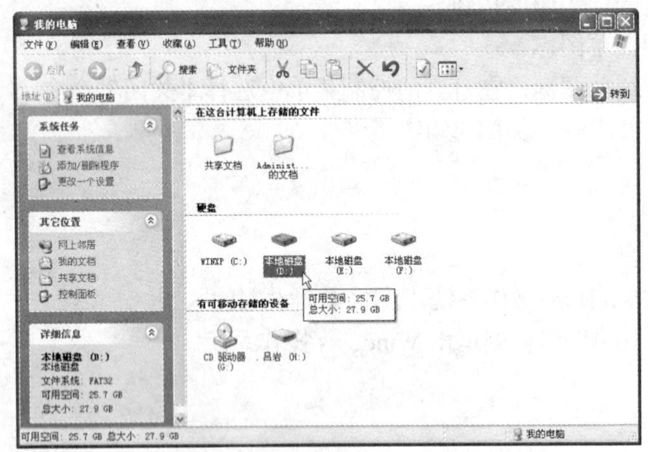

图 2-9 “我的电脑”窗口

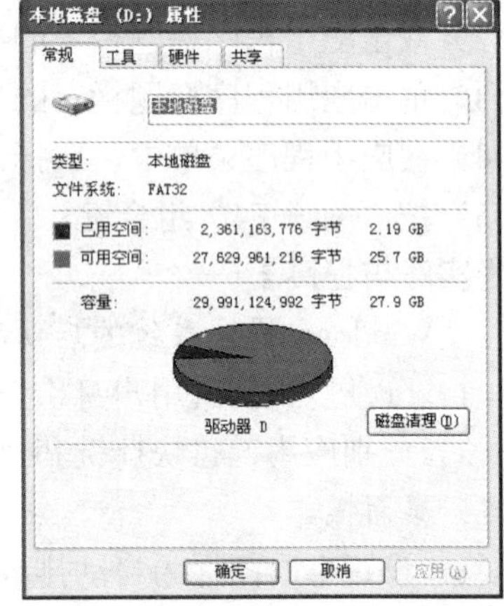

图 2-10 “本地磁盘（D:）属性”对话框

（4）双击“本地磁盘（D:）”图标，打开“本地磁盘（D:）”窗口，观察窗口状态栏上显示的信息，双击窗口中的一个文件或文件夹，自动打开文件或文件夹。

2．“资源管理器”窗口的组成及操作

（1）启动“资源管理器”。“资源管理器”启动的方法很多，用户可以选用其中的一种方法。

1）右击桌面上的“我的电脑”、“我的文档”、“回收站”、“网上邻居”图标或“开始”菜单之一，从弹出的快捷菜单中选择“资源管理器”命令，如图 2-11（a）所示。

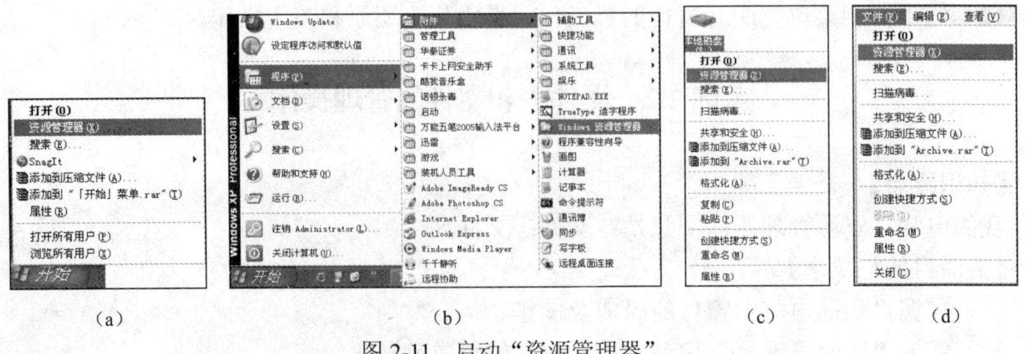

（a） （b） （c） （d）

图 2-11 启动“资源管理器”

（a）右击图标启动；（b）“开始”按钮启动；（c）本地磁盘启动；（d）“文件”中启动

2）单击“开始”按钮，选择“程序”→“附件”→“Windows 资源管理器”命令，如图 2-11（b）所示。

3）在“我的电脑”窗口中，将鼠标指向一个对象（如磁盘、打印机等）右击，从弹出的快捷菜单中选择“资源管理器”命令，如图 2-11（c）所示。

4）在打开的窗口中选中任一对象，选择“文件”→“资源管理器”命令，如图 2-11（d）所示。

提示：单击“我的电脑/资源管理器”窗口工具栏上的“文件夹”按钮，可以实现“我的电脑”和“资源管理器”窗口的切换。按钮按下，为“资源管理器”窗口，按钮弹起，为“我的电脑”窗口。

（2）打开的“资源管理器”窗口如图 2-12 所示，窗口工作区分为左右两个窗格，在该窗口中进行如下操作：

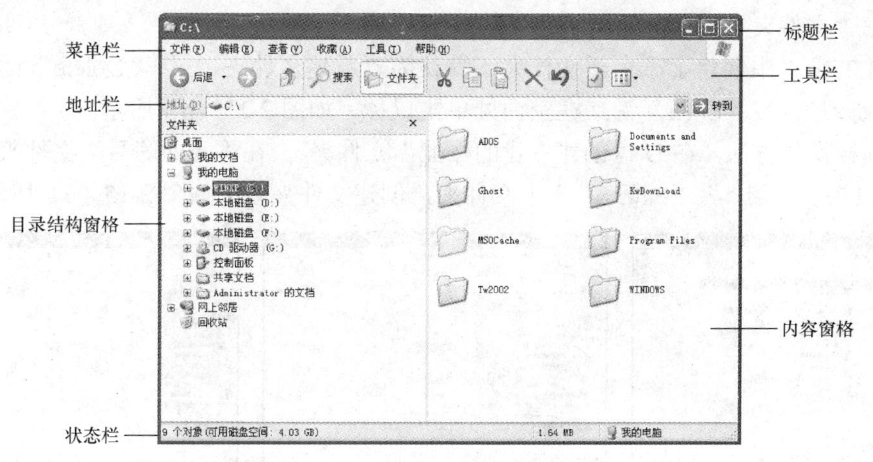

图 2-12 “资源管理器”窗口

1）单击目录结构窗格中“我的电脑”图标前的⊞或⊟，展开与折叠树型目录，观察目录结构窗格和内容窗格的变化。

2）单击目录结构窗格中“本地磁盘（C:）”图标，观察目录的树型结构，查看内容窗格中 C 盘下的内容。

3）单击工具栏上“向上”按钮，返回上一级文件夹。

4）单击工具栏上“前进”按钮和“后退”按钮，观察地址栏、目录结构窗格和内容窗格的变化。

5）从“查看”菜单中，或单击工具栏上“查看”按钮右侧箭头，分别选择不同的显示方式比较各种显示方式的特点，分析适用情况，如图 2-13 所示。

6）从菜单栏中选择“查看”→“排列图标”命令，或右击内容窗格的空白区域，从弹出的快捷菜单中，选择不同的图标排列方式，比较各种排列方式的特点，分析适用情况，设置排列方式如图 2-14 所示。

7）将查看方式设置为“详细信息”，在内容窗格中，单击不同的标签（名称、大小、类型、修改日期），实现按不同内容对文件夹和文件排序的操作。

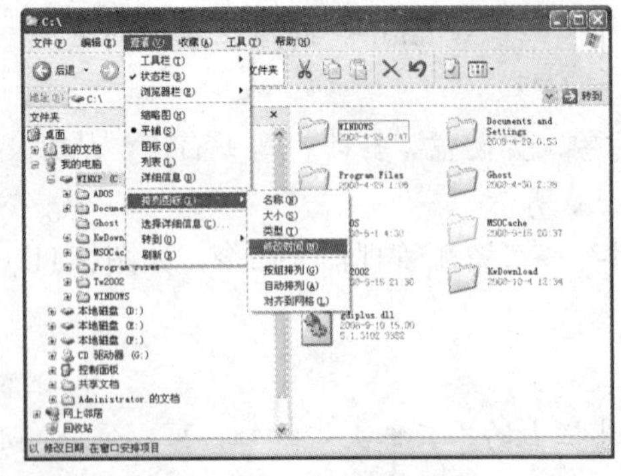

图 2-13 设置显示方式

图 2-14 设置排列方式

3. 文件夹的操作

（1）创建文件夹。操作步骤如下：

1）在“资源管理器”左窗格中，单击“本地磁盘（D:）”，从菜单栏中选择“文件”→“新建”→“文件夹”命令，如图 2-15（a）所示。

2）在右窗格中创建了一个新文件夹，默认为“新建文件夹”，按“Delete”键删除，输入“我的练习”，按“Enter”键或在空白处单击鼠标，如图 2-15（b）所示。

3）同样操作方法，在 D 盘创建“我的作业”文件夹 ，在“我的练习”文件夹下继续创建“练习 1”、“练习 2”、“练习 3”3 个文件夹，创建文件夹效果如图 2-15（c）所示。

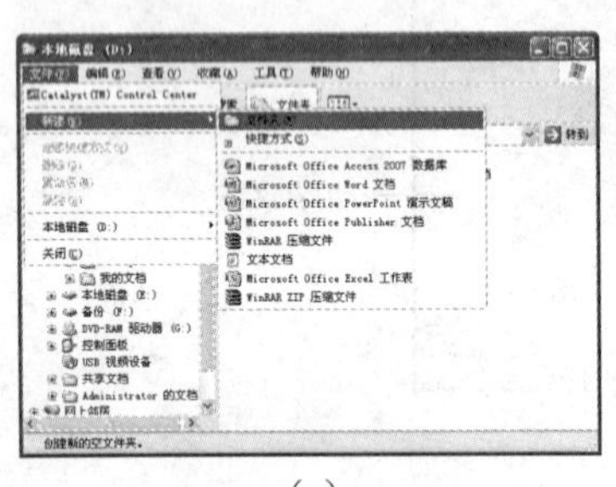

（a）

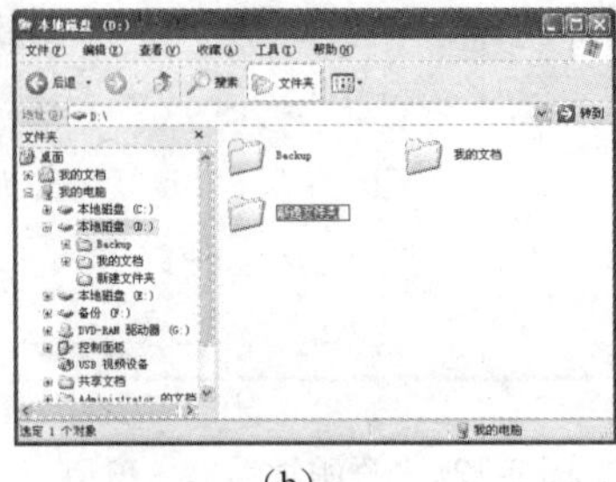

（b）

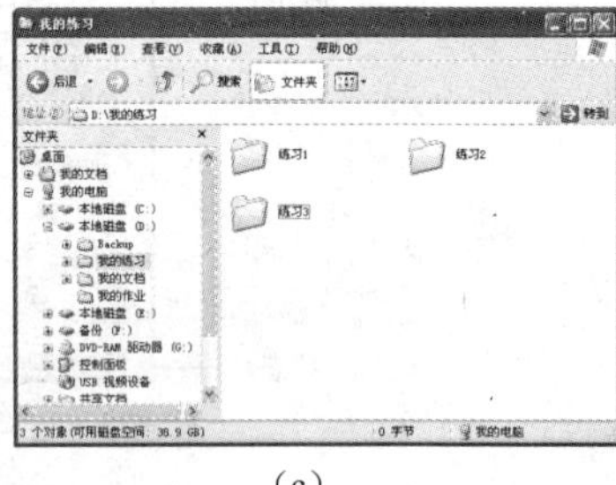

（c）

图 2-15 创建文件夹

（a）选择命令；（b）输入文件夹名；（c）创建文件夹

（2）复制文件夹。操作步骤如下：

1）打开“我的练习”文件夹，选中“练习 1”文件夹，从菜单栏中选择“编辑”→“复制”命令，或直接单击工具栏上的“复制”按钮，如图 2-16（a）所示。

2）打开“我的作业”文件夹，从菜单栏中选择“编辑”→“粘贴”命令，或直接单击工具栏上“粘贴”按钮，如图 2-16（b）所示。

3）查看“我的练习”、“我的作业”文件夹及所创建文件夹的层次关系。

（3）移动文件夹。操作步骤如下：

1）打开“我的练习”文件夹，选中“练习 3”文件夹，选择“编辑”→“剪切”命令，或直接单击工具栏上的“剪切”按钮，如图 2-17（a）所示。

2）打开“我的作业”文件夹，从菜单栏中选择“编辑”→“粘贴”命令，或直接单击工具栏上的“粘贴”按钮，如图 2-17（b）所示。

3）查看“我的练习”、“我的作业”文件夹，比较移动与复制文件夹的区别。

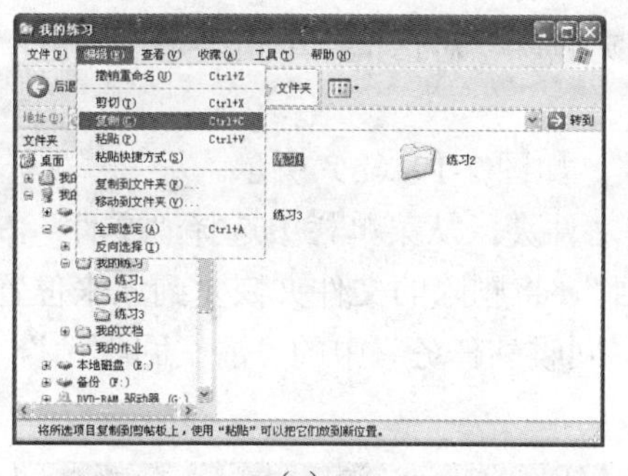

（a）

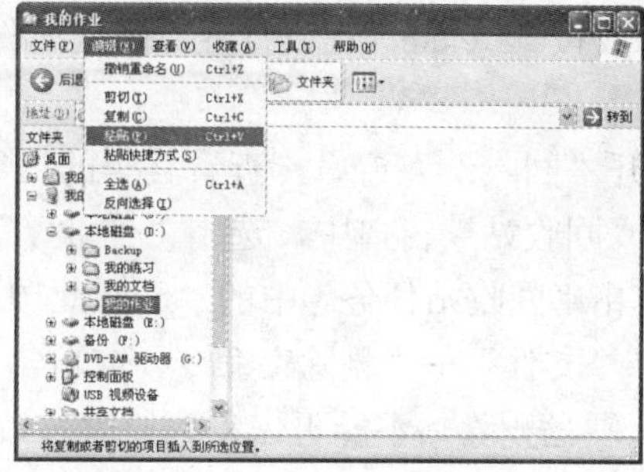

（b）

图 2-16　复制文件夹

（a）复制；（b）粘贴

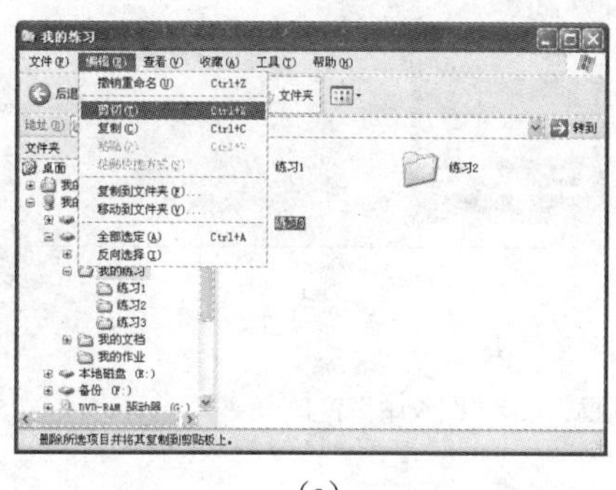

（a）

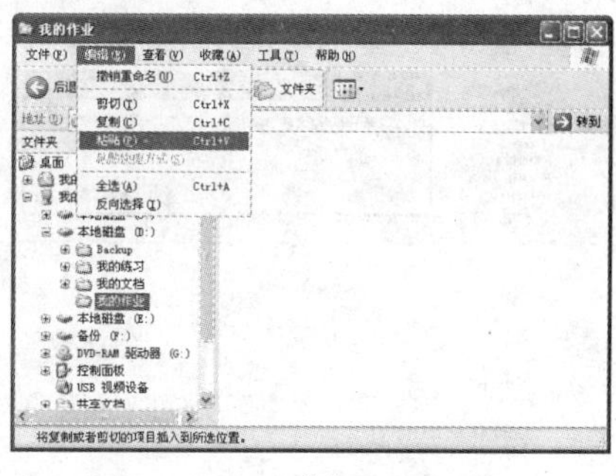

（b）

图 2-17　移动文件夹

（a）剪切；（b）粘贴

（4）重命名文件夹。操作步骤如下：

1）打开“我的作业”文件夹，选中“练习 1”文件夹，从菜单栏中选择“文件”→“重命名”命令，或右击鼠标，从弹出的快捷菜单中选择“重命名”命令，如图 2-18（a）所示。

2）文件名呈反向显示，输入“作业 1”，按“Enter”键，如图 2-18（b）所示。

3）按同样操作方法，将“练习 2”文件夹重命名为“作业 2”。

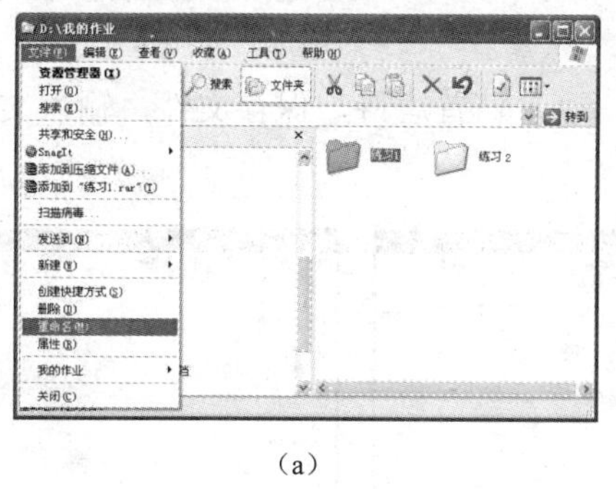

（a）

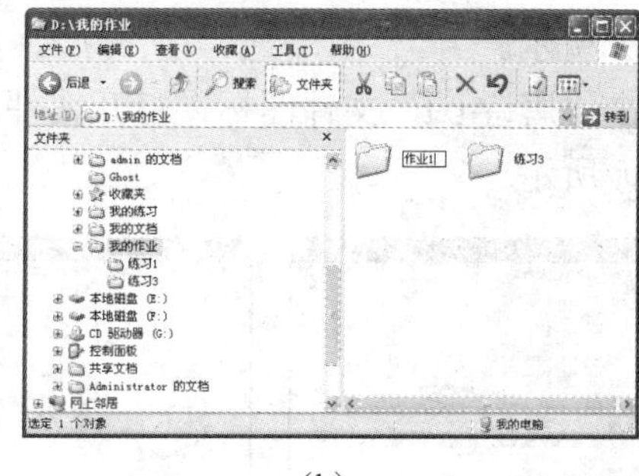

（b）

图 2-18　重命名文件夹

（a）选择重命名命令；（b）输入文件夹名

（5）删除文件夹。操作步骤如下：

1）在“我的作业”文件夹下，选中“作业 1”文件夹，从菜单栏中选择“文件”→“删除”命令，或按“Delete”键，打开“确认文件夹删除”对话框，单击“是”按钮，如图 2-19（a）所示。

2）打开“回收站”窗口，查看其中的内容，如图 2-19（b）所示。

3）在“回收站”窗口中，选中“作业 1”文件夹，从菜单栏中选择“文件”→“还原”命令，或单击“回收站任务”中的“还原此项目”，将删除的文件夹恢复到原来位置。若从菜单栏中选择“文件”→“删除”命令，或单击“回收站任务”中的“清空回收站”，则文件夹将被彻底从硬盘删除，不能再恢复到原来位置。

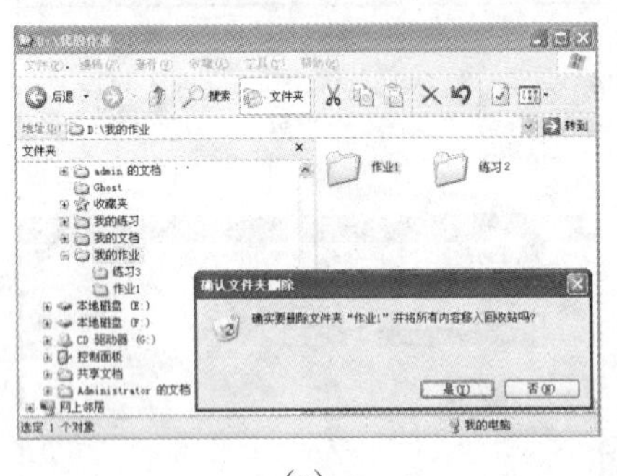

（a）

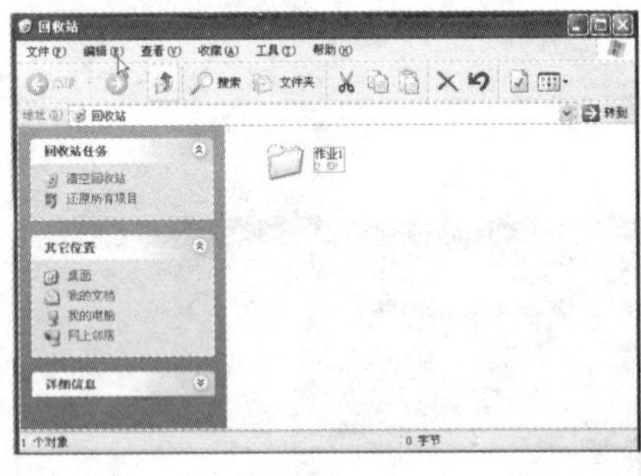

（b）

图 2-19 删除文件夹

（a）“确认文件夹删除”对话框；（b）“回收站”窗口

说明：文件夹的操作可以通过“我的电脑”窗口中的菜单、命令按钮、快捷菜单完成，或鼠标和键盘组合键操作完成。

4. 文件的操作

（1）创建文件。操作步骤如下：

1）在“我的练习”文件夹中，从菜单栏中选择“文件”→“新建”→“文本文档”命令，如图 2-20（a）所示。

2）此时，在“我的练习”文件夹中出现一个文本文件图标，输入文件名“唐诗.txt”，如图 2-20（b）所示。

3）双击“唐诗.txt”文件图标，打开文件，输入一首唐诗，保存文件，输入文件内容如图 2-20（c）所示。

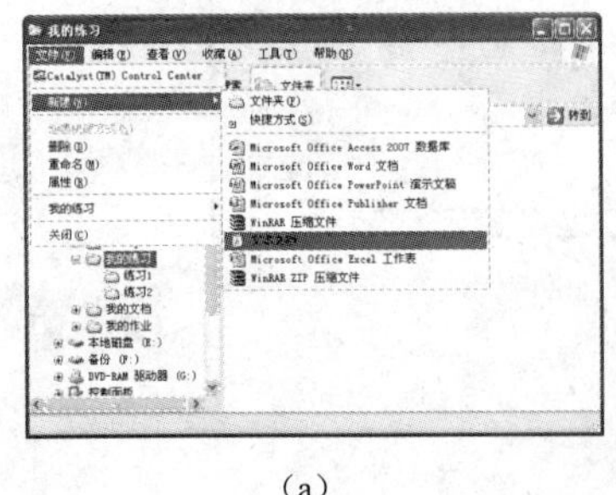

（a）

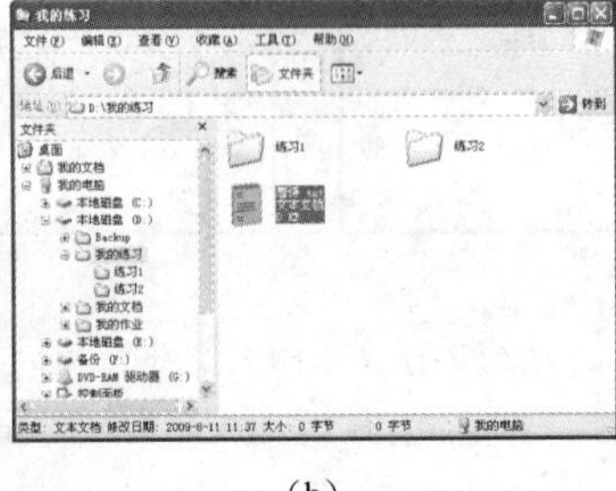

（b）

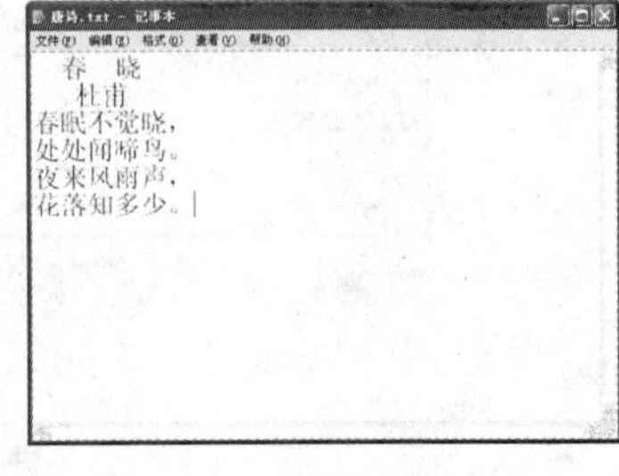

（c）

图 2-20 创建文件

（a）选择命令；（b）输入文件名；（c）输入文件内容

说明： 用户也可先启动“记事本”等应用程序，然后输入文件的内容，最后将文件保存在指定的位置的方法创建文件。

（2）复制文件。选中“唐诗.txt”文件，按复制文件夹的操作方法将其复制到“练习 1”文件夹中。

（3）移动文件。选中“我的练习”文件夹中的“唐诗.txt”文件，按移动文件夹的操作方法将其移动到“练习 2”文件夹中。

（4）重命名文件。按重命名文件夹的操作方法，将“练习 1”文件夹中的“唐诗.txt”重命名为“唐诗 1.txt”，将“练习 2”文件夹中的“唐诗.txt”重命名为“唐诗 2. txt”。

（5）修改文件属性。操作步骤如下：

1）在“练习 1”文件夹中，右击“唐诗 1.txt”图标，从弹出的快捷菜单中选择“文件”→“属性”命令，打开“唐诗 1.txt 属性”对话框，将属性设置为只读和存档，单击“确定”按钮，如图 2-21 所示。

2）分别打开“唐诗 1.txt”、“唐诗 2.txt”文件，修改其中的内容并保存文件，观察计算机提示信息，体会只读属性的含义。

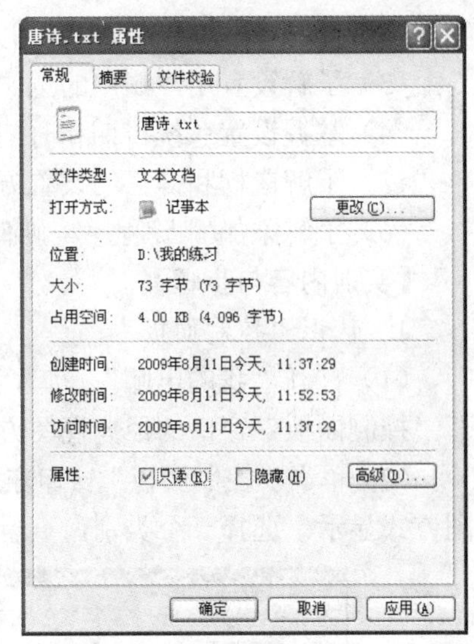

图 2-21　“属性”对话框

（6）删除文件。操作步骤如下：

1）按删除文件夹的方法删除已创建的“唐诗 1.txt”、“唐诗 2.txt”文件。

2）在桌面双击“回收站”图标，打开“回收站”窗口，选中“唐诗 1.txt”，从菜单栏中选择“文件”→“还原”命令，选中“唐诗 2.txt”，选择“文件”→“删除”命令。

3）在“资源管理器”窗口中查看“练习 1”、“练习 2”文件夹所包含的内容。

图 2-22　文件夹目录结构

【实践与提高】

1. 创建文件夹

文件夹目录结构如图 2-22 所示，创建“个人文件”及其下各文件夹。

2. 创建文件

在“D:\个人文件\文档”文件夹下，创建“学习计划.txt”文件，并输入文件的内容。

3. 复制和移动文件

（1）查找图片文件，根据内容将其复制到“D:\个人文件\图片”文件夹下的“风景”或“人物”文件夹下。

（2）查找声音文件，根据内容将其复制到“D:\个人文件\音乐”文件夹下的“经典音乐”或“流行音乐”文件夹下。

实训2.3 系统设置操作

【知识要点】

控制面板。

【实训目的与要求】

(1) 了解控制面板的功能。

(2) 熟练掌握 Windows XP 主题、桌面背景及屏幕保护的设置方法。

(3) 了解设置用户账户的意义，掌握设置用户账户的方法。

(4) 掌握设置系统日期和时间的方法。

(5) 了解鼠标和键盘的设置方法。

(6) 了解添加/删除程序、硬件的操作方法。

【实训内容与步骤】

1. 认识“控制面板”

(1) 打开“我的电脑”窗口，单击左窗格“其他位置”组中的“控制面板”图标，打开“控制面板”窗口的经典视图方式，查看其中的工具，如图 2-23 (a) 所示。

(2) 单击“控制面板”窗口左窗格中“切换到分类视图”按钮，“控制面板”窗口分类视图方式显示，选择一个类别，查看其下的工具，如图 2-23 (b) 所示。

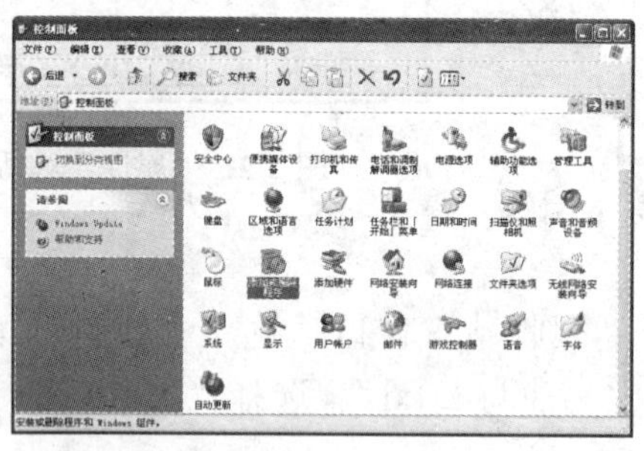

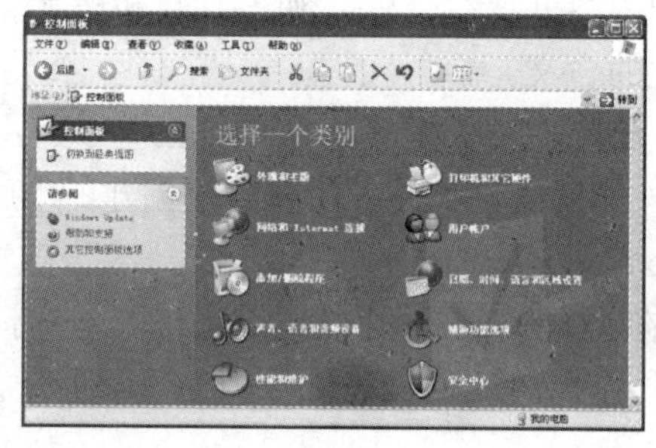

(a) (b)

图 2-23 “控制面板”窗口

(a)“控制面板”窗口经典视图；(b)“控制面板”窗口分类视图

提示：单击“开始”按钮，选择“设置”→“控制面板”命令，也可以打开“控制面板”窗口。

2. 设置显示属性

(1) 在“控制面板”窗口中，双击“显示”图标，或在桌面空白处右击鼠标，从弹出的桌面快捷菜单中选择“属性”命令，打开“显示属性”对话框，如图 2-24 所示。

(2) 设置桌面主题。在“主题”选项卡中，从“主题”列表中选择一种主题（如“深秋的草原”），单击“应用”按钮，观察对话框中的“示例”变化，如图 2-25 所示；单击“确定”按钮，观察 Windows 桌面、窗口和对话框的变化。

(3) 设置桌面背景。选定“桌面”选项卡，从“背景”拉列表中选择一种背景（如“风景 6”）单击“应用”或“确定”按钮，观察 Windows 桌面背景的变化，如图 2-26 所示。

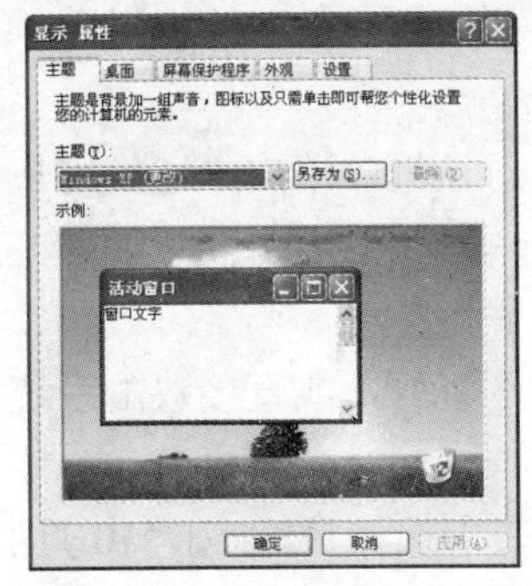

图 2-24 “显示属性”对话框

图 2-25　设置桌面主题

图 2-26　设置桌面背景

提示：单击“浏览”按钮，打开“浏览”对话框，可以选择其他图片作为桌面背景；单击“自定义桌面”按钮，打开“桌面选项”对话框，可以设置桌面的图标和访问主页。

（4）设置屏幕保护。选定“屏幕保护程序”选项卡，从“屏幕保护程序”下拉列表中选择一种屏幕保护程序（如“穿梭彩线”），单击“预览”按钮，观察效果；在“等待”微调框中输入 10 分钟，单击“应用”按钮，如图 2-27 所示。

提示：在“屏幕保护程序”选项卡中，若选中“在恢复时使用密码保护”复选框，则退出屏幕保护程序时将启动登录对话框，输入正确的密码才可重新登录系统，以保证系统的安全。

（5）设置外观。选定“外观”选项卡，从“窗口和按钮”列表中选择一种样式（如“Windows XP 样式”）；从“色彩方案”列表中选择一种色彩方案（如“银色”）；从“字体大小”列表中选择一种字体（如“大字体”），单击“应用”按钮，观察窗口的变化，如图 2-28 所示。

（6）设置分辨率和颜色。选定“设置”选项卡，调整屏幕分辨率（如“1280×768 像素”），设置颜色质量（如“高”），单击“应用”按钮，如图 2-29 所示。

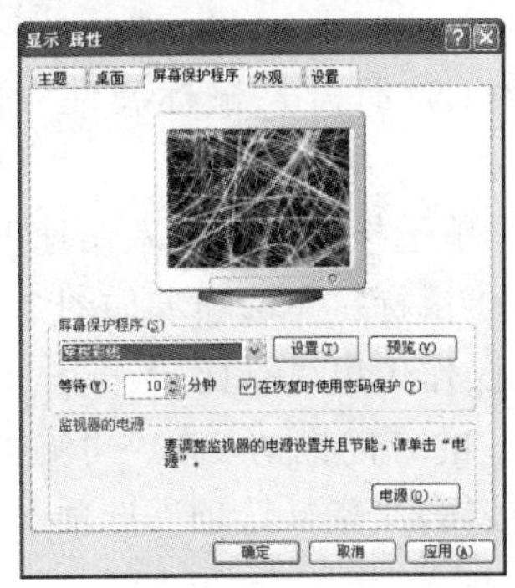

图 2-27　设置屏幕保护程序

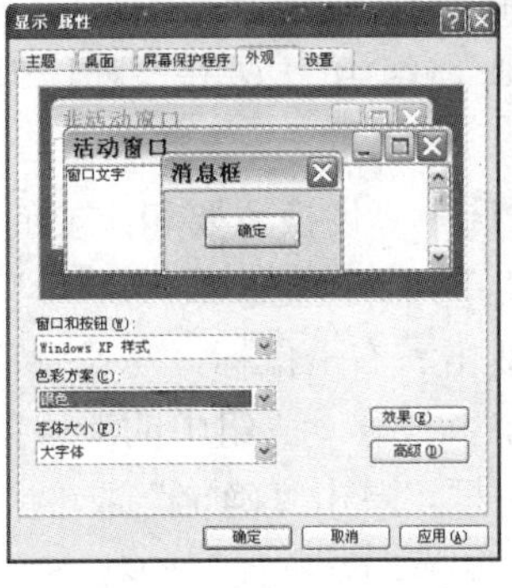

图 2-28　设置外观

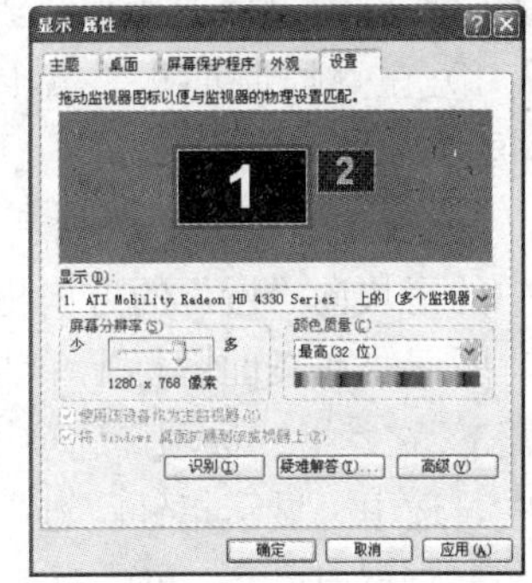

图 2-29　设置分辨率和颜色

3. 设置用户账户

（1）在“控制面板”窗口经典视图中，双击“用户账户”图标，打开“用户账户”窗口，如图 2-30 所示。

（2）选择“创建一个新用户”任务，按操作向导创建一个名为“USER”的新用户，设置用户密码和用户类型。

（3）单击“开始”按钮，选择“注销”命令，打开“注销”对话框，单击“切换用户”命令，以用户“USER”登录，观察桌面的变化情况。

4. 设置日期和时间

（1）在“控制面板”窗口经典视图中，双击“日期和时间”图标，或直接双击系统托盘中的时间，打开“日期和时间属性”对话框，如图 2-31 所示。

（2）在年份数值框中输入或调整年份（如“2008”），从月份列表中选择月份（如“10 月”），从日期列表中选择日期（如“1”）。在时间数值框中，单击小时区，输入小时（如“10”），单击分钟区，输入分钟（如“10”）。

（3）单击“确定”按钮。

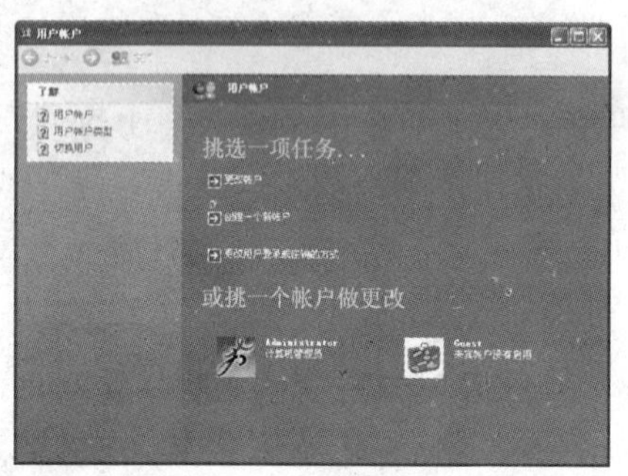

图 2-30 “用户账户”窗口

图 2-31 “时间和日期属性”对话框

提示：单击“Internet 时间”选项卡，选中“自动与 Internet 时间服务器同步”复选框，实现本机与 time.windows.com 服务器时间同步。

5. 设置鼠标和键盘

（1）设置鼠标。操作步骤如下：

1）在“控制面板”窗口经典视图中，双击“鼠标”图标，打开“鼠标属性”对话框。

2）在“鼠标键”选项卡中，选中“切换主要和次要的按钮”单选按钮，将“双击速度”组中的滑块向“慢”的方向拖动，单击“确定”或“应用”按钮，“鼠标键”选项卡如图 2-32（a）所示。在桌面图标上单击、双击、右击鼠标，与设置前鼠标操作效果进行比较。

3）在“指针选项”选项卡中，将“移动”组中的滑块向“快”的方向拖动，在“可见性”组中，选中“显示指针踪迹”复选框，单击“确定”或“应用”按钮，“指针选项”选项卡如图 2-32（b）所示。在桌面上移动鼠标，观察鼠标的状态。

（2）设置键盘。在“控制面板”窗口经典视图中，双击“键盘”图标，打开“键盘属性”对话框，在“速度”选项卡中，分别完成重复延迟、重复率和光标闪烁频率等的设置，如图 2-33 所示。设置完成后，通过键盘输入字符，与设置前操作效果进行比较。

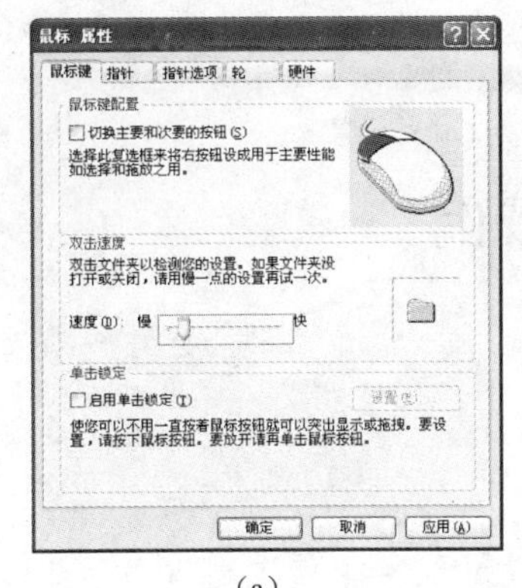

(a)

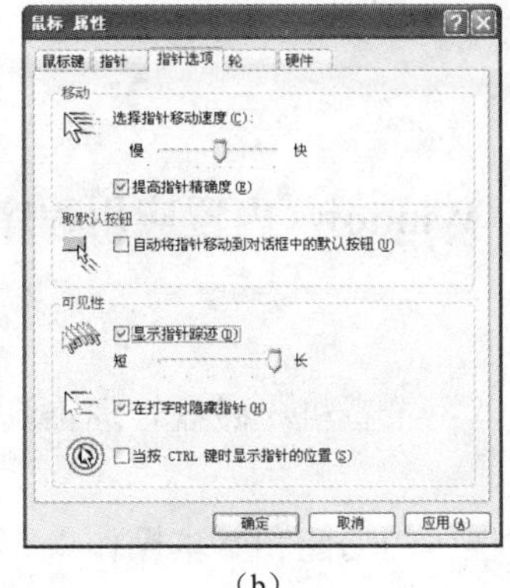

(b)

图 2-32 “鼠标属性”对话框

(a)“鼠标键”选项卡；(b)“指针选项”选项卡

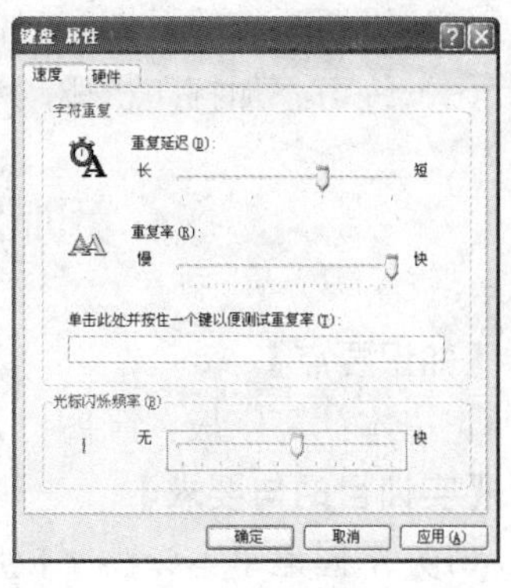

图 2-33 “键盘属性”对话框

6. 添加和删除程序

（1）在“控制面板”窗口经典视图中，双击“添加或删除程序”图标，打开“添加或删除程序”对话框，如图 2-34 所示。

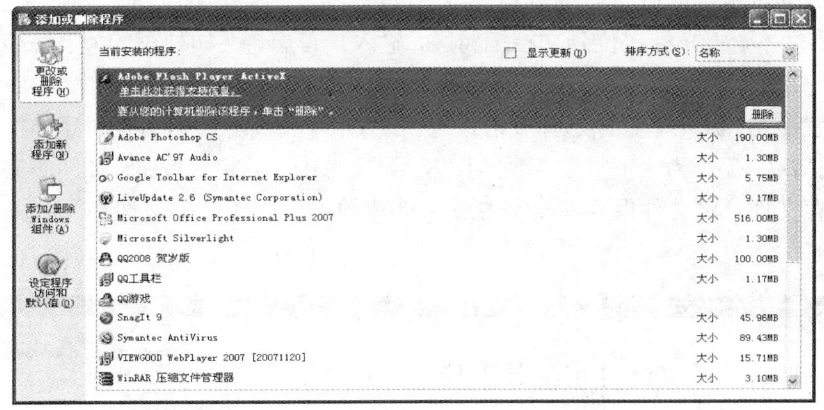

图 2-34 “添加或删除程序”对话框

（2）从“当前安装的程序”列表中，选择一个程序，单击“删除”或“更改”按钮，实现程序的删除或更改操作。

（3）依次单击左侧其他的图标，完成添加新程序、添加/删除 Windows 组件等的操作。

7. 添加硬件

在“控制面板”窗口经典视图中，双击“添加硬件”图标，打开“添加硬件向导”对话框，按向导提示完成硬件的添加操作。

提示：一般情况下，当系统中安装了新的硬件设备后，系统会自动检测并完成硬件驱动程序安装的操作。

【实践与提高】

（1）设置个性化的显示属性，包括主题、桌面背景、屏幕保护和分辨率等。

（2）设置系统的日期和时间。

（3）练习添加打印机驱动程序。

实训 2.4　Windows 内置应用程序操作

【知识要点】

记事本；写字板；画图；计算器；录音机；磁盘管理工具。

【实训目的与要求】

（1）掌握记事本、写字板应用程序的功能和基本操作。

（2）掌握画图应用程序的功能和基本操作。

（3）了解录音机等娱乐应用程序的功能及其使用方法。

（4）掌握磁盘管理工具的基本操作。

【实训内容与步骤】

1. 记事本的基本操作

（1）打开“记事本”程序。单击“开始”按钮，选择“程序”→“附件”→“记事本”命令，打开“记事本”窗口，如图 2-35（a）所示。

（2）输入文本。将光标定位到文档编辑区，输入一首唐诗（如杜甫的《望岳》），如图 2-35（b）所示。

（3）设置格式。从菜单栏中选择“格式”→“字体”命令，在打开的“字体”对话框中设置字体为“隶书”、字形为“正常”、字号为“三号”，单击“确定”按钮，如图 2-35（c）所示。

（4）保存文件。将文件保存在实训 2.2 中创建的“我的作业”文件夹下，文件名为“望岳.txt”。

（a）

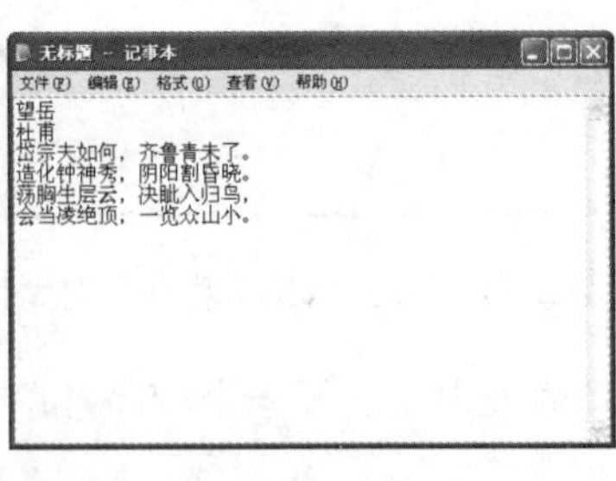

（b）

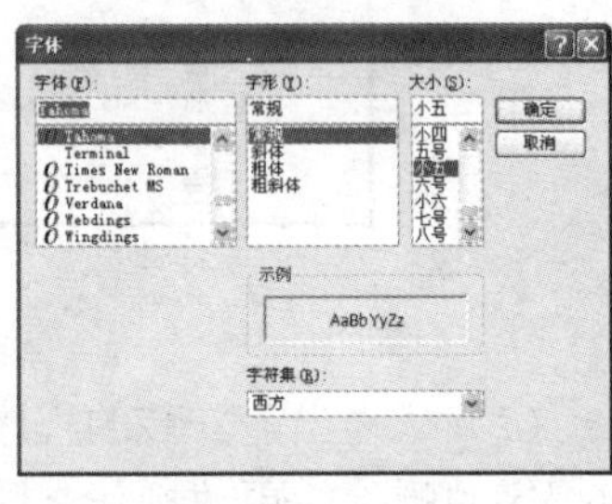

（c）

图 2-35 “记事本”的操作

（a）“记事本”窗口；（b）编辑文字；（c）设置字体

2. 写字板的基本操作

（1）打开“写字板”程序。单击“开始”按钮，选择“程序”→“附件”→“写字板”命令，打开“写字板”窗口，如图 2-36（a）所示。

（2）输入文本。将光标定位到文档编辑区，输入一首唐诗（如李白的《静夜思》），编辑文字如图 2-36（b）所示。

（3）设置格式。利用工具栏上的命令按钮设置字体格式，标题为“楷体、18 磅”，作者为“宋体、16 磅”，诗句为“隶书、16 磅”，各行文字居中，效果如图 2-36（c）所示。

（4）保存文件。将文件保存在实训 2.2 中创建的“我的作业”文件夹下，文件名“静夜思.rtf”，将其与文件“望岳.txt”图标进行比较。

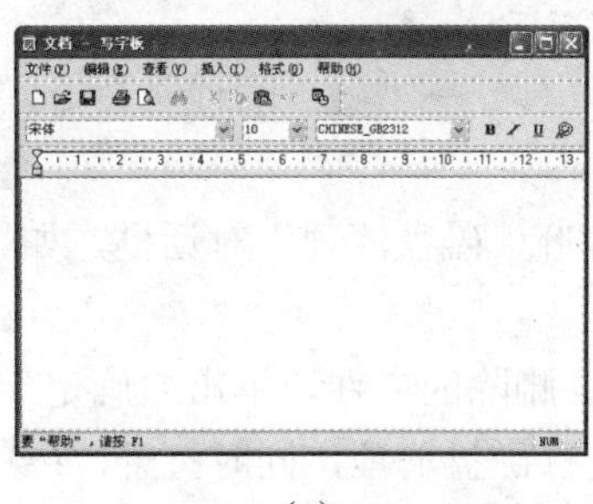

（a）

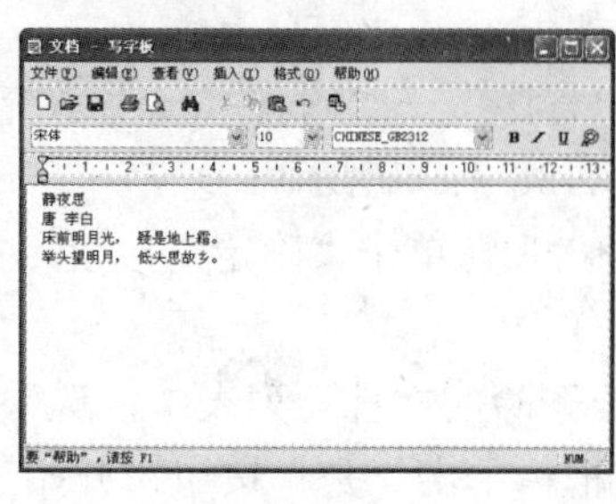

（b）

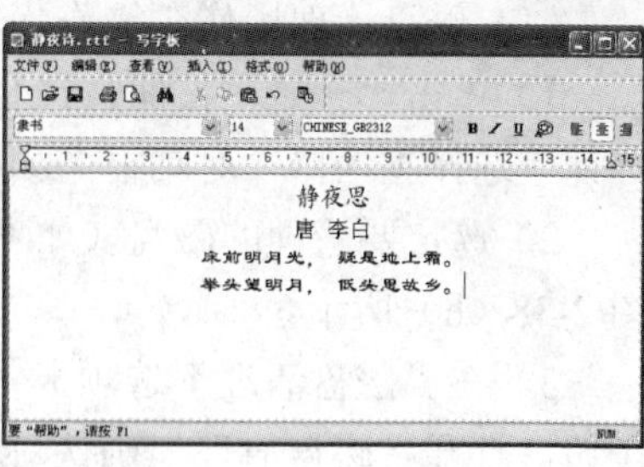

（c）

图 2-36 “写字板”的操作

（a）“写字板”窗口；（b）编辑文字；（c）设置格式

说明：“记事本”应用程序保存的文件类型为文本文件，保存时只保存文本。“写字板”保存文件时，若文件类型设置为“.rtf”，可同时保存文本及格式，该类文件可以在 Word 中打开并保持原格式，若文件类型设置为“.txt”，则只保存文本。

3. 画图的基本操作

（1）打开“画图”程序。单击“开始”按钮，选择“程序”→“附件”→“画图”命令，打开“画图”窗口，如图 2-37（a）所示。

（2）绘制高山。在“颜料盒”中选择前景色为绿色；在“工具箱”中选择“曲线”工具，绘制出高山的轮廓，选择“铅笔”工具，绘制出高山的细节，选择“喷枪”工具，为高山喷涂色彩。

（3）绘制太阳。在“颜料盒”中选中前景色为红色；在“工具箱”中选择“椭圆”工具，按住“Shift”键，在画布上绘制太阳，选择“用颜色填充”工具，为太阳填充颜色。

（4）添加文字。在“工具箱”中，选择“文字”工具 A，在画布上添加文字，同时弹出“字体”工具栏，设置字符格式，绘制图画效果如图 2-37（b）所示。

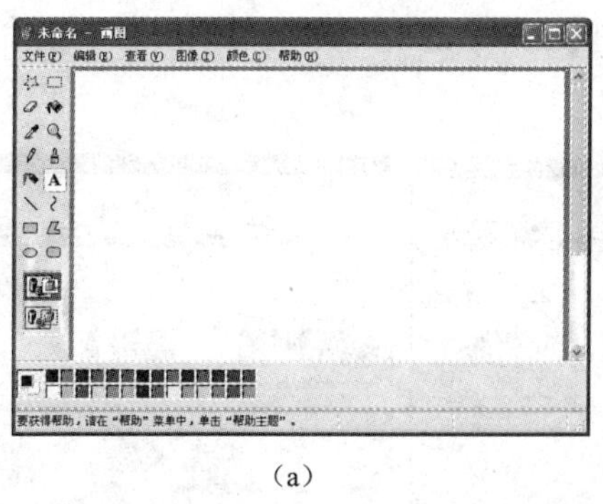

（a）

（b）

图 2-37 “画图”的操作

（a）“画图”窗口；（b）绘制图画

（5）保存文件。将文件保存在实训 2.2 中创建的“我的作业”文件夹下，文件名为“望岳.bmp”。

4. 系统工具的基本操作

（1）磁盘清理操作。操作步骤如下：

1）单击“开始”按钮，选择“程序”→“附件”→“系统工具”→“磁盘清理”命令，打开“选择驱动器”对话框，如图 2-38（a）所示。

2）选定要清理的磁盘（如“C 盘”），单击“确定”按钮，打开“磁盘清理”对话框，如图 2-38（b）所示。

3）在“磁盘清理”选项卡“要删除的文件”列表中，选中要删除的文件，单击“确定”按钮，打开“磁盘清理”确认对话框，单击“是”按钮，开始进行磁盘清理，同时打开“磁盘清理”信息提示对话框，如图 2-38（c）所示。

（2）磁盘碎片整理操作。操作步骤如下：

1）单击“开始”按钮，选择“程序”→“附件”→“系统工具”→“磁盘碎片整理程序”命令，打开“磁盘碎片整理程序”窗口，如图 2-39（a）所示。

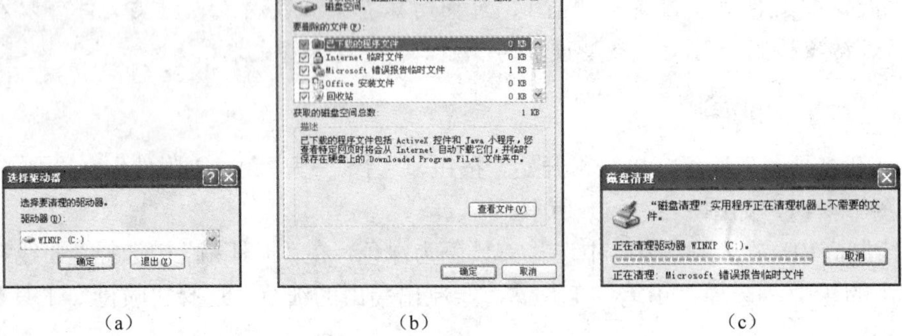

（a）　　（b）　　（c）

图 2-38　磁盘清理操作

（a）“选择驱动器”；（b）“WINXP（C:）磁盘清理”对话框；（c）信息提示对话框

2）选择要清理的磁盘（如“C 盘”），单击“分析”按钮，开始进行碎片整理前后的预计磁盘使用量分析，如图 2-39（b）所示。

3）分析结束，提示用户是否要进行磁盘碎片整理，单击“碎片整理”按钮，开始进行碎片整理，如图 2-39（c）所示。

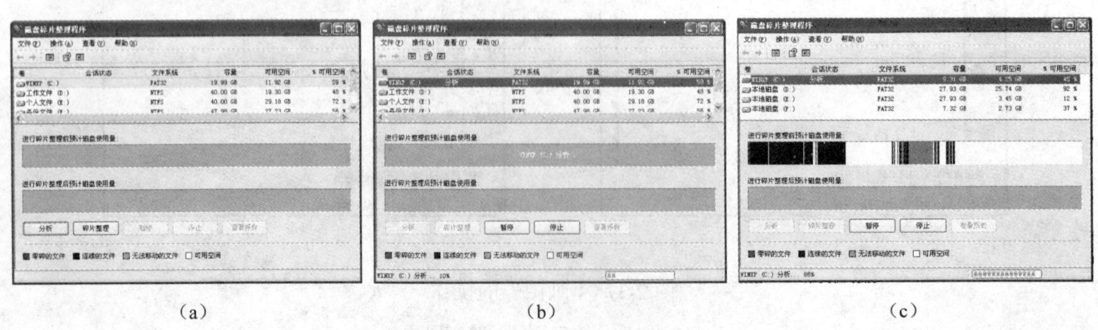

（a）　　（b）　　（c）

图 2-39　磁盘碎片整理操作

（a）“磁盘碎片整理程序”窗口；（b）磁盘使用量分析；（c）磁盘整理

提示：在"我的电脑"窗口中，右击一个盘符，从弹出的快捷方式中选择"属性"命令，打开"磁盘属性"对话框，单击"工具"选项卡，也可进行磁盘清理、碎片整理、备份、检测和修复等操作。

5. 娱乐工具的基本操作

（1）录音机。操作步骤如下：

1）单击"开始"按钮，选择"程序"→"附件"→"娱乐"→"录音机"命令，打开"录音机"窗口，如图 2-40 所示。

2）将麦克风的输入端与主机箱上的音频输入端口相连，调整好麦克风，做好录音准备。

3）单击"录音"按钮进行录音，录音结束，单击"停止"按钮，停止录音。

4）将文件保存在实训 2.2 中创建的"我的作业"文件夹下，文件名为"第一首歌.wav"。

（2）音量控制。操作步骤如下：

1）单击"开始"按钮，选择"程序"→"附件"→"娱乐"→"音量控制"命令，或双击系统托盘上的扬声器图标，打开"音量控制"窗口，如图 2-41 所示。

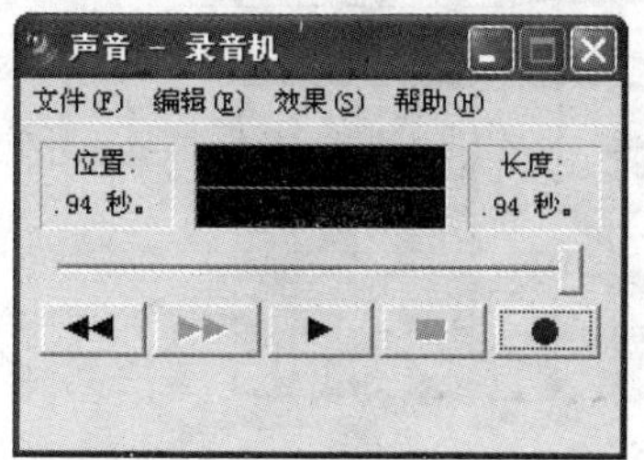

图 2-40　"录音机"窗口

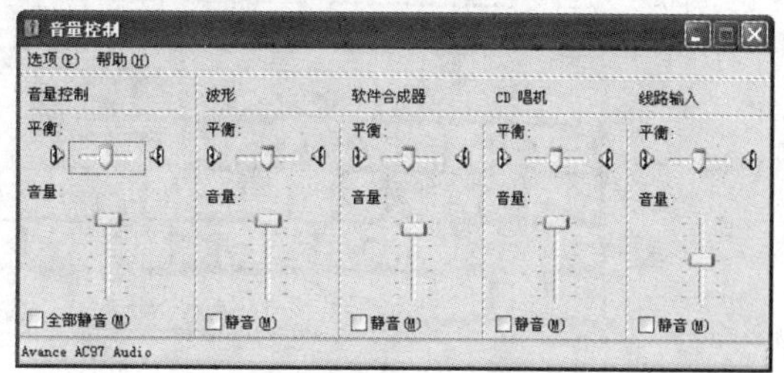

图 2-41　"音量控制"窗口

2）播放步骤将 5 中的（1）保存的"第一首歌.wav"文件，分别调整音量控制、波形、软件合成器等滑块的位置，比较音乐的变化。

3）选中"静音"或"全部静音"复选框，试听效果。

【实践与提高】

（1）应用记事本创建一份工作计划，如图 2-42 所示。

（2）应用写字板创建一份夏令营活动日程，如图 2-43 所示。

（3）应用画图绘制一幅图画。

（4）应用 Windows XP 内置的其他应用程序，如计算器及附件中的其他程序。

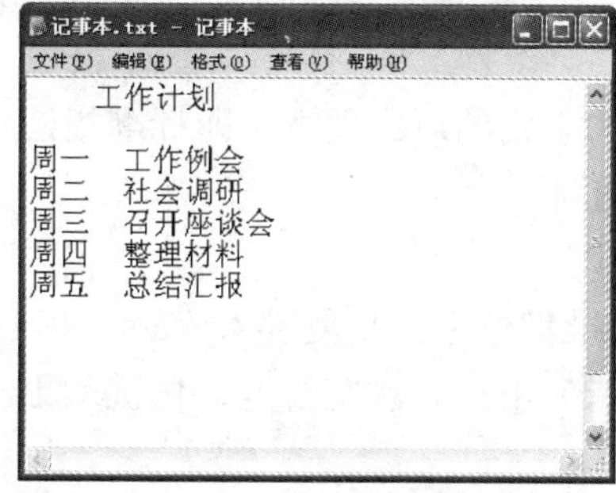

图 2-42　工作计划

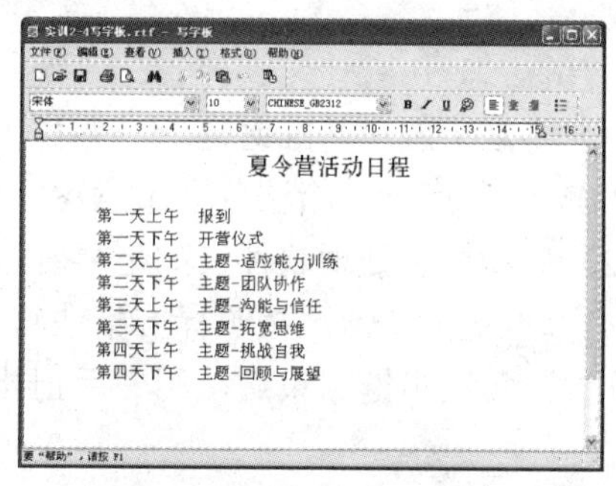

图 2-43　夏令营活动日程

实训2.5 中英文录入

【知识要点】

键盘；基本指法；英文录入；汉字录入。

【实训目的与要求】

（1）熟悉键盘布局及主要键位的使用方法。

（2）熟悉标准指法，熟练进行英文录入。

（3）掌握智能 ABC、五笔字型等汉字输入方法，熟练掌握一种汉字输入方法进行汉字录入。

【实训内容与步骤】

1. 认识键盘布局

在键盘上找出主键盘区、功能键区、控制键区、编辑键区和数字键区，键盘布局如图 2-44 所示。

图 2-44 键盘布局

2. 端正录入坐姿

（1）上身挺直，肩膀放平，两臂自然下垂，两肘贴于腋边。

（2）手腕与肘部成一直线，手指自然弯曲，轻放于基准键上。

（3）将显示器放置在键盘的正前方，文稿放在键盘的左边，或用专用夹固定在显示器的左边，双目平视屏幕。

（4）桌椅调整至适当高度，两脚平放地上，将身体重心落在椅子上。

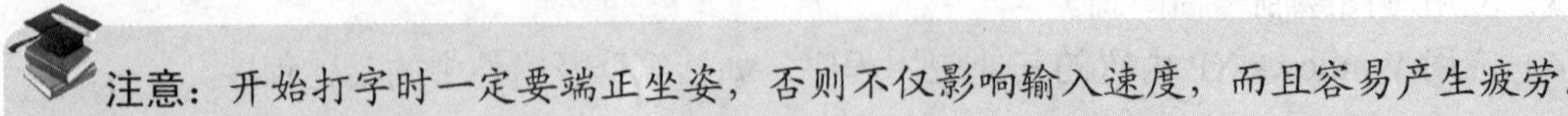

3. 指法练习

（1）将双手放在基准键位上，键盘上的基准键位与手指的对应关系，即标准指法示意图如图 2-45（a）所示，指法分区示意图如图 2-45（b）所示。

（2）启动文字处理软件（如记事本），进行指法练习。

1）基准键的练习。按照标准指法将手指分布在基准键位上，反复键入“a s d f j k l ;” 8 个基准键，每次击键结束后，用左手拇指（或右手拇指）击打一次空格键，再键入下一个基准键。

2）功能键的练习。应用功能键完成下列录入操作。

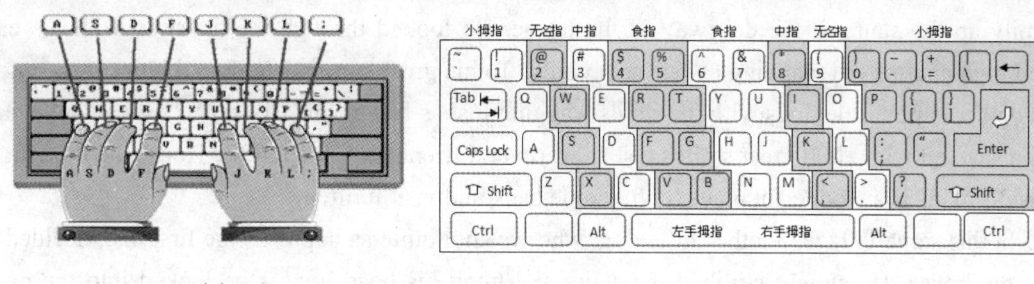

（a） （b）

图 2-45 指法示意图

（a）标准指法示意图；（b）指法分区示意图

① “Shift”键。先键入数字键“1、2、3、…、9、0”；按下“Shift”，同时再键入数字键“1、2、3、…、9、0”。比较两次键入屏幕信息的变化情况。

② “Caps Lock”键。键入字母键“a、b、c、…、y、z”；按一下“Caps Lock”键，键盘上的Caps Lock指示灯亮，键入字母键：“a、b、c、…、y、z”；按下“Shift”的同时，键入字母键“a、b、c、…、y、z”。比较三次键入屏幕信息的变化情况。

③ “Num Lock”键。按一下“Num Lock”键，键盘上的Num Lock指示灯亮，键入数字键区的1、2、3、…、9、0；再按一下“Num Lock”键，键入数字键区的1、2、3、…、9、0。比较二次键入屏幕信息的变化情况。

④ “BackSpace”和“Delete”键：键入字母“ABCDEF”，移动光标到“C”的后面，按“Backspace”键，观察屏幕信息变化情况，按“Delete”键，观察屏幕信息变化情况。

⑤ “Tab”键：按“Tab”键，观察光标移动情况。

3）指法分区练习。依次完成下列录入操作。

① 左手小拇指练习。“1111 qqqq aaaa zzzz”。

② 左手无名指练习。“2222 wwww ssss xxxx”。

③ 左手中指练习。“3333 eeee dddd cccc”。

④ 左手食指练习。“4444 rrrr ffff vvvv 5555 tttt gggg bbbb”。

⑤ 右手食指练习。“6666 yyyy hhhh nnnn 7777 uuuu jjjj mmmm”。

⑥ 右手中指练习。8888 iiii kkkk ,,,,”。

⑦ 右手无名指练习。“9999 oooo llll ....”。

⑧ 右手小拇指练习。“0000 pppp ;;;;”。

提示：指法练习中输入的字符要反复训练，达到盲打程度为最佳。

4. 英文录入练习

启动文字处理软件（如记事本），按正确的指法录入下面英文短文。

The House of 1000 Mirrors

Long ago in a small, faraway village, there was a place known as the House of 1000 Mirrors. A small, happy little dog learned of this place and decided to visit. When he arrived, he hounced happily up the stairs to the doorway of the house. He looked through the doorway with his ears lifted high and his tail wagging as fast as it could. To his great surprise, he found himself staring at 1000 other happy little dogs with their tails wagging just as fast as his. He smiled a great smile, and was answered with 1000 great smiles just as warm and friendly. As he left the House, he thought to himself, "This is a wonderful place. I will come back and visit it often."

In this same village, another little dog, who was not quite as happy as the first one, decided to visit the house. He slowly climbed the stairs and hung his head low as he looked into the door. When he saw the 1000 unfriendly looking dogs staring back at him, he growled at them and was horrified to see 1000 little dogs growling back at him. As he left, he thought to himself, "That is a horrible place, and I will never go back there again."

All the faces in the world are mirrors. What kind of reflections do you see in the faces of the people you meet?

提示：该短文可反复练习，注意英文输入过程中的指法要标准，同时记录每次录入的速度和准确率。

5. 中文输入

（1）中文输入法的选择与切换。操作步骤如下：

1）单击"任务栏"上的输入法指示器，选择一种中文输入法，或按"Ctrl+Shift"组合键切换一种中文输入法。

2）按"Ctrl＋Space"组合键实现中英文输入法间的切换。

（2）智能 ABC 输入法录入汉字。操作步骤如下：

1）认识智能 ABC 输入法操作界面。单击"任务栏"上的输入法指示器，选择"智能 ABC"输入法，弹出智能 ABC 输入法状态条，如图 2-46 所示。

图 2-46 智能 ABC 输入法状态条

2）智能 ABC 常用录入方式练习。采用各种输入方式，输入下面的内容。

① 全拼输入。按规范的汉语拼音输入全部字母。例如，"大家好"可输入"dajiahao"。

② 简拼输入。按拼音取每个音节的第一个字母，对于包含"zh"、"ch"、"sh"的音节，也可以取前两个字母。例如，"中国"可输入"zg"或"zhg"，"计算机"可输入"jsj"。

③ 混拼输入。对于词组，采取有的音节全拼，有的音节简拼的方法。例如，"我们"可输入"wom"。

3）智能 ABC 中文特殊符号录入练习。右击智能 ABC 输入法状态条的软键盘按钮，弹出"软键盘"快捷菜单，如图 2-47（a）所示；选择一种软键盘（如"数字序号"），打开软键盘，如图 2-47（b）所示；用鼠标单击软键盘上按键，输入相应格式的数字序号。同样操作，选择其他软键盘，分别完成单位符号、标点符号、拼音、特殊符号的输入。

提示：智能 ABC 汉字输入法采用小写字母作为拼音输入，字母“ü”用“v”代替；输入词组或句子时，若出现可能混淆的拼音，需用隔音符“'”，例如，“西安”应输入“xi'an”，否则将作为“先”的拼音；输入汉字拼音后按空格键，系统自动匹配对应的汉字，显示在外码框和候选框中供用户选取。

4）智能 ABC 中文录入练习。启动文字处理软件（如“记事本”），选择智能 ABC 输入法，录入下面字、词、句子和短文。

① 单字练习。“你、我、他、天、地、日、月、星、江、河、洋、海”。

② 词组练习。“成功、失败、明亮、黑暗、伟大、清洁、干净、选择、西安、大地”。

③ 成语练习。“一丝不苟、二心不定、三言两语、四通八达、五湖四海、六神无主、七嘴八舌、九牛一毛、十全十美”。

PC键盘	标点符号
希腊字母	✓ 数字序号
俄文字母	数学符号
注音符号	单位符号
拼　音	制表符
日文平假名	特殊符号
日文片假名	

（a）　　（b）

图 2-47　软键盘的使用

（a）“软键盘”快捷菜单；（b）“数字序号”软键盘

④ 符号练习。“20℃、5‰、5＄、￥100、AB⊥CD、x≠10、①、②、Ⅵ、Ⅶ”。

⑤ 综合练习。应用智能 ABC 中文输入法录入一篇不少于 100 字的中文短文。

（3）五笔字型输入法录入汉字。操作步骤如下：

1）熟记五笔字型输入法 130 个基本字根及在字根键盘上的位置，五笔字型字根键盘分布如图 2-48 所示。

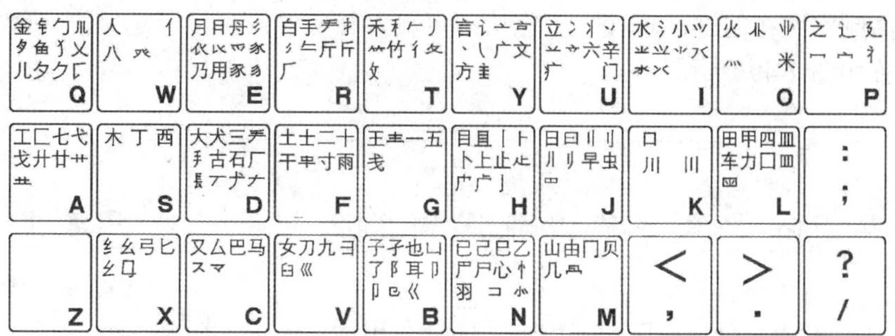

图 2-48　五笔字型字根键盘分布图

2）熟背五笔字型字根口诀。五笔字型字根口诀如下：

11（G）：王旁青头戋五一，12（F）：土士二干十寸雨。

13（D）：大犬三羊古石厂，14（S）：木丁西，15（A）：工戈草头右框七。

21（H）：目具上止卜虎皮，22（J）：日早两竖与虫依。

23（K）：口与川，字根稀，24（L）：田甲方框四车力。

25（M）：山由贝，下框几。

31（T）：禾竹一撇双人立，反文条头共三一。

32（R）：白手看头三二斤，33（E）：月衫乃用家衣底。

34（W）：人和八，三四里，35（Q）：金勺缺点无尾鱼，犬旁留乂儿一点夕，氏无七。

41（Y）：言文方广在四一，高头一捺谁人去。

42（U）：立辛两点六门病，43（I）：水旁兴头小倒立。

44（O）：火业头，四点米，45（P）：之宝盖，摘礻（示）衤（衣）。

51（N）：已半巳满不出己，左框折尸心和羽。

52（B）：子耳了也框向上。53（V）：女刀九臼山朝西。

54（C）：又巴马，丢矢矣，55（X）：慈母无心弓和匕，幼无力。

3）五笔字型汉字编码练习。根据汉字的结构，按编码录入下面的内容。

① 键名汉字录入。连击4次键名。例如，“王”输入“gggg”，“大”输入“dddd”。

② 成字字根录入。首先单击成字字根所在的键，然后取该成字的第一、二及末笔组成编码，不足4码时，击空格键作为编码结束。例如，“石”编码为“dgtg”，“雨”编码为“fghy”。

③ 一般汉字录入。首先把汉字拆分成基本字根，然后再按字根所在键进行编码输入。汉字拆分后，字根超过四个，取第一、二、三、末字根进行编码。汉字拆分后字根恰好四个，则依次取码。汉字拆分后字根不足四个，则依次取码，再加上末笔识别，仍不足按空格键结束。例如，“们”编码为“wu”，“盆”编码为“wvl”，“规”编码为“fwmq”，“望”编码为“yneg”。

提示： 在单字输入时经常需要拆字，拆字应按照“能散不连、能连不交、取大优先、兼顾直观”的原则。

④ 一级简码汉字输入。五笔字型输入法将最常用的25个汉字定为一级简码，又称为高频字，单击高频字所在的键，再按一下空格即可输入相应的汉字，五笔字型一级简码与字母键的对应位置如图2-49所示。

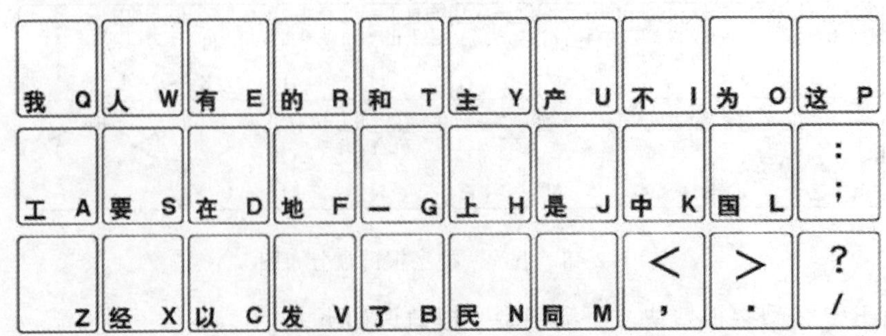

图2-49 五笔字型一级简码与字母键的对应位置

⑤ 二级简码汉字输入。五笔字型将较常用的汉字定义为二级简码，25 个键位最多允许输入 625 个二级简码汉字，二级简码的输入方式是：首字根+次字根+空格。例如，“如”的编码为“vk”，“烟”的编码为“ol”。

⑥ 三级简码汉字输入。三级简码由单字的前三个字根码组成，只要击一个字的前三个字根加空格即可输入，三级简码共有 4400 多个。例如，“输”的编码为“lwg”，“想”的编码为“shn”。

⑦ 词组输入。双字词组取每个单字前两个字根码，组成 4 码，例如，“幸福”的编码为“fupy”。三字词组取前两个字的第一个字根码，最后一个字的前二个字根码，组成 4 码，例如，“计算机”的编码为“ytsm”，“运动会”的编码为“ffwf”；四字词组取每个字的第一个字根码，组成 4 码，例如，“全心全意”的编码为“wnwu”，“天道酬勤”的编码为“gusa”。多字词组取前三个字和最后一个字的第一个字根码，组成 4 码，如“中华人民共和国”的编码为“kwwl”，“有志者事竟成”的编码为“dffd”。

4）五笔字型中文输入练习。启动文字处理软件（如记事本），选择五笔字型输入法，输入下面字、词、句子和短文。

① 键名汉字练习

王　土　大　木　工　目　日　口　田　山　禾　白　月　人　金　言　立　水　火
之　已　子　女　又　纟

② 成字字根练习

儿　夕　乃　用　手　斤　广　文　方　六　辛　门　小　米　七　戈　丁　西　犬
三　古　石　厂　士　二　十　干　寸　雨　五　止　曰　早　虫　川　甲　四　皿
车　力　弓　匕　巴　马　刀　臼　也　耳　己　巳　乙　心　羽　由　贝　几

③ 一级简码单字练习

一　地　在　要　工　上　是　中　国　同　和　的　有　人　我　主　产　不　为
这　民　了　发　以　经

④ 二级简码单字练习

五　寺　二　夺　晃　吵　好　呼　吵　且　用　本　四　淡　吵　料　轩　步　菜
用　信　铁　示　析　共　降　物　理　全　另　年　来　限　扔　作　叫　暗　小

⑤ 三级简码单字练习

想　华　周　雕　输　侠　剖　班　陈　赵　命　利　村　往　况　验　束　液　修
均　求　路　稿　便　确　哭　结　接　持　流　海　声　消　席　每　担　精　坚

⑥ 词组练习

大海	人民	粗糙	专心	展望	少年
神情	纽约	瞩目	自信	欣然	表达
高层次	多功能	联欢会	积极性	电视机	太阳能
水落石出	精打细算	众所周知	万众一心	众志成城	争分夺秒
信息反馈	精神财富	多多益善	主要原因	长远利益	排山倒海

当一天和尚撞一天钟　　百尺竿头更进一步　　国际劳动妇女节

⑦ 综合练习

应用五笔字型中文输入法录入一篇不少于 100 字的短文。

提示：为方便指法练习，快速提高打字速度，在学习过程中可以使用专用的指法、打字练习软件进行训练。金山打字通是一种常用的打字练习软件，其中提供了寓教于乐的打字游戏、跟我学电脑等在线游戏和教程，方便用户快速掌握指法和汉字输入方法。登录金山打字通官方网站http://typeeasy.kingsoft.com，可以下载该软件。

【实践与提高】

1. 输入英文短文《Youth》

Youth is not a time of life; it is a state of mind; it is not a matter of rosy cheeks, red lips and supple knees; it is a matter of the will, a quality of the imagination, a vigor of the emotions; it is the freshness of the deep springs of life.

Youth means a tempera-mental predominance of courage over timidity, of the appetite for adventure over the love of ease. This often exists in a man of 60 more than a boy of 20. Nobody grows old merely by a number of years. We grow old by deserting our ideals.

Years may wrinkle the skin, but to give up enthusiasm wrinkles the soul.Worry, fear, self-distrust bows the heart and turns the spring back to dust.

Whether 60 or 16, there is in every human being's heart the lure of wonder,the unfailing childlike appetite of what's next and the joy of the game of living. In the center of your heart and my heart there is a wireless station: so long as it receives messages of beauty, hope, cheer, courage and power from men and from the Infinite, so long are you young.

When the aerials are down, and your spirit is covered with snows of cynicism and the ice of pessimism, then you are grown old, even at 20, but as long as your aerials are up, to catch waves of optimism, there is hope you may die young at 80.

2. 输入中文译文《青春》

青春不是年华，而是心境；青春不是桃面、丹唇、柔膝，而是深沉的意志，恢宏的想象，炙热的恋情；青春是生命的泉在涌流。

青春气贯长虹，勇锐盖过怯弱，进取压倒苟安。如此锐气，二十后生而有之，六旬男子则更多见。年岁有加，并非垂老，理想丢弃，方堕暮年。

岁月悠悠，衰微只及肌肤；热忱抛却，颓废必致灵魂。忧烦，惶恐，丧失自信，定使心灵扭曲，意气如灰。

无论年届花甲，拟或二八芳龄，心中皆有生命之欢乐，奇迹之诱惑，孩童般天真久盛不衰。人人心中皆有一台天线，只要你从天上人间接受美好、希望、欢乐、勇气和力量的信号，你就青春永驻，风华常存。

一旦天线下降，锐气便被冰雪覆盖，玩世不恭、自暴自弃油然而生，即使年方二十，实已垂垂老矣；然则只要树起天线，捕捉乐观信号，你就有望在八十高龄告别尘寰时仍觉年轻。

第 3 章

Word 2007 文字处理软件

实训 3.1　Word 2007 文档的编辑与格式化

【知识要点】

文档；编辑；字体；段落。

【实训目的与要求】

（1）掌握 Word 2007 启动和退出的操作方法，熟悉 Word 2007 的工作界面。

（2）掌握 Word 文档创建和保存的操作方法。

（3）熟练掌握 Word 文档输入、编辑和格式化等操作方法。

【实训内容与步骤】

用 Word 2007 创建一个“软件产品开发合同”，效果如图 3-1 所示。

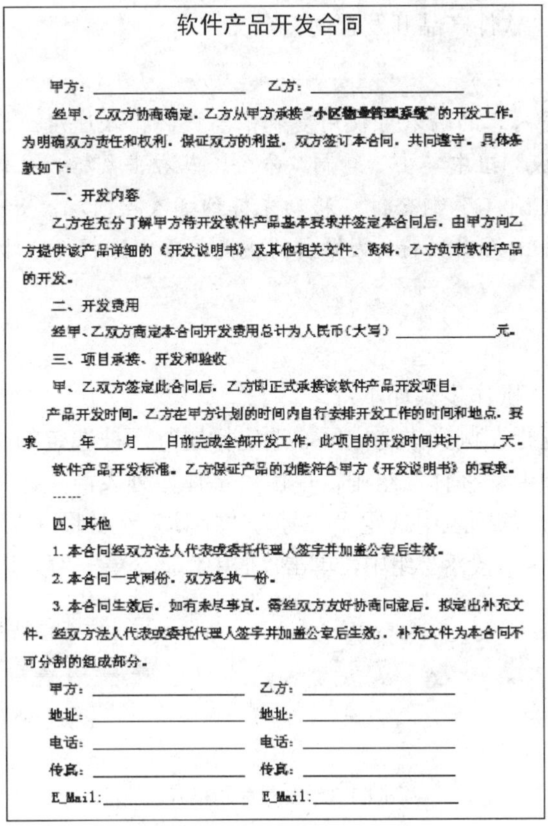

软件产品开发合同

甲方：______________　乙方：______________

经甲、乙双方协商确定，乙方从甲方承接“小区物业管理系统”的开发工作。为明确双方责任和权利，保证双方的利益，双方签订本合同，共同遵守。具体条款如下：

一、开发内容

乙方在充分了解甲方待开发软件产品基本要求并签定本合同后，由甲方向乙方提供该产品详细的《开发说明书》及其他相关文件、资料，乙方负责软件产品的开发。

二、开发费用

经甲、乙双方商定本合同开发费用总计为人民币（大写）__________元。

三、项目承接、开发和验收

甲、乙双方签定此合同后，乙方即正式承接该软件产品开发项目。

产品开发时间。乙方在甲方计划的时间内自行安排开发工作的时间和地点，要求____年___月___日前完成全部开发工作，此项目的开发时间共计____天。

软件产品开发标准。乙方保证产品的功能符合甲方《开发说明书》的要求。

……

四、其他

1. 本合同经双方法人代表或委托代理人签字并加盖公章后生效。

2. 本合同一式两份，双方各执一份。

3. 本合同生效后，如有未尽事宜，需经双方友好协商同意后，拟定出补充文件，经双方法人代表或委托代理人签字并加盖公章后生效，补充文件为本合同不可分割的组成部分。

甲方：______________　乙方：______________

地址：______________　地址：______________

电话：______________　电话：______________

传真：______________　传真：______________

E_Mail:______________　E_Mail:______________

图 3-1　“软件产品开发合同”效果

1. 启动 Word 2007

（1）单击“开始”按钮，选择“程序”→“Microsoft Office”→“Microsoft Office Word 2007”

命令，如图 3-2（a）所示。

（2）启动 Word 2007，打开 Word 2007 应用程序窗口，自动创建一个名为“文档 1.docx”的文档文件，如图 3-2（b）所示。

（3）观察标题栏、Office 按钮、快速访问工具栏、功能区、状态栏及文档编辑区内容。

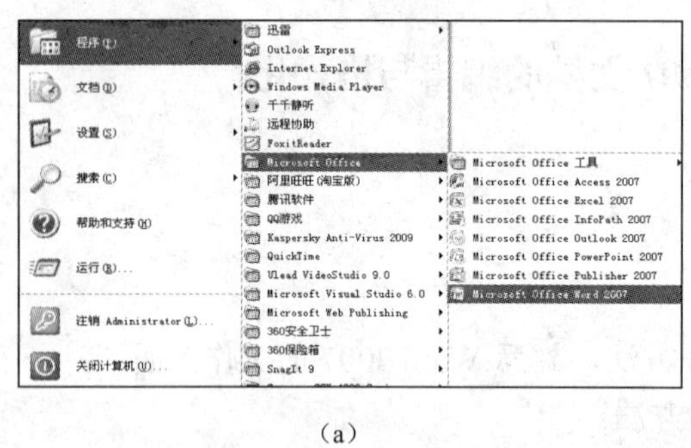

（a）

（b）

图 3-2　Word 2007 的启动

（a）启动 Word 2007；（b）Word 2007 应用程序窗口

2. 输入文档内容

按图 3-1 所示输入“软件产品开发合同”全文。

提示： 文档中重复内容的输入可使用复制命令提高输入速度。选定要复制的文本，在“开始”选项卡“剪贴板”组中单击“复制”命令，或右击鼠标，从弹出的快捷菜单中选择“复制”命令，或按“Ctrl+C”组合键；移动光标到插入点，在“开始”选项卡“剪贴板”组中单击“粘贴”命令，或右击鼠标，从弹出的快捷菜单中选择“粘贴”命令，或按“Ctrl+V”组合键。

3. 文档格式化

（1）设置标题格式。操作步骤如下：

1）用鼠标单击标题行左侧文本选定区，选定标题行，被选定的文字呈反显状态。

2）在“开始”选项卡“字体”组中，单击“字体”列表箭头，从列表中选定“黑体”；单击“字号”列表箭头，从列表中选定“二号”，“字体”组如图 3-3（a）所示。

3）在“开始”选项卡“段落”组中，单击“居中”命令，“段落”组如图 3-3（b）所示。

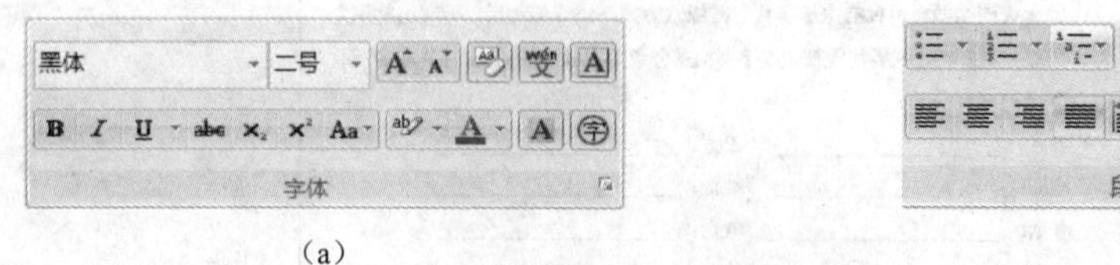

（a）　（b）

图 3-3　设置标题格式

（a）“字体”组；（b）“段落”组

（2）设置正文字符格式。操作步骤如下：

1）选定正文文字，在“开始”选项卡“字体”组中，按步骤 3-（1）的操作方法设置字体为“宋体”，字号为“小四”。

2）在“开始”选项卡“编辑”组中，单击“查找”命令，打开“查找和替换”对话框，如图 3-4（a）所示，在“查找内容”文本框中输入“小区物业管理系统”，单击“查找下一处”按钮，自动搜索，并选定搜索的文字内容。按步骤 3-（1）的操作方法设置字体为“楷体”，在“字体”组中单击“加粗”命令**B**，选定文字设置为加粗效果，如图 3-4（b）所示。

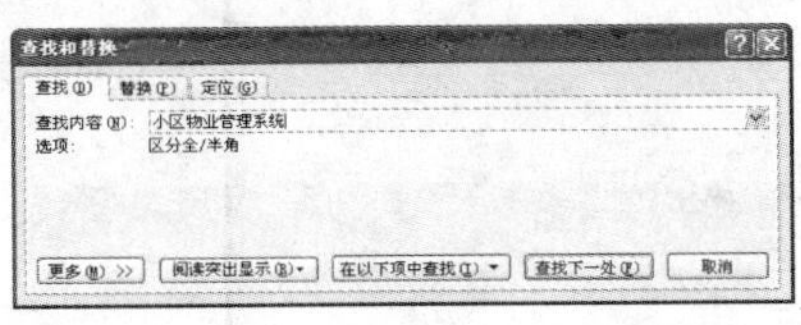

（a）

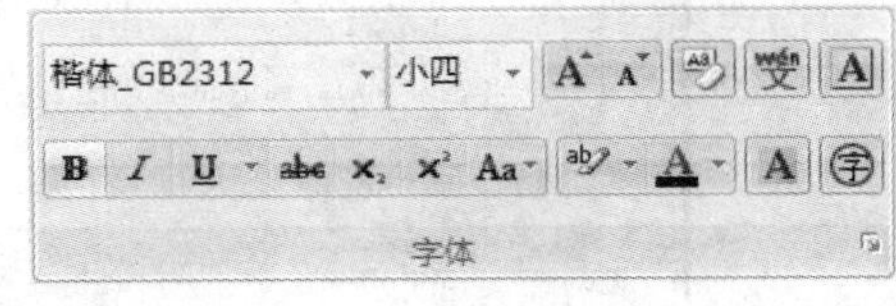

（b）

图 3-4　设置“加粗”效果

（a）“查找和替换”对话框；（b）“字体”组

提示：设置文本格式时可以使用格式刷命令，提高格式化操作的速度。选定或将光标定位于已设置完格式的对象，在“开始”选项卡“剪贴板”组中，双击“格式刷”命令，拖动鼠标逐个选定要设置格式的部分，把选定对象的格式复制到后选定的对象上。

3）选定“甲方：”后面的空格部分，在“开始”选项卡“字体”组中，单击“下划线”命令**U**，用同样操作将需要填写内容的空白处加下划线。

（3）设置段落格式。操作步骤如下：

1）在“开始”选项卡“编辑”组中，单击“选择”命令右侧箭头，从列表中选择“全选”命令，或按“Ctrl+A”组合键，或用鼠标三击文档左侧的选定区，选中全文。

2）单击“开始”选项卡“段落”组中的对话框启动器，打开“段落”对话框，如图 3-5 所示。在“特殊格式”列表中选定“首行缩进”，“磅值”调整为“2 字符”；从“行距”列表中选定“1.5 倍行距”。

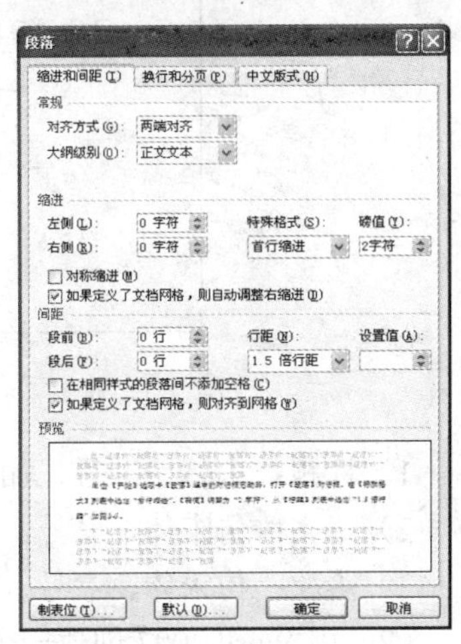

图 3-5　“段落”对话框

提示：用鼠标拖动标尺上的“左缩进”、“首行缩进”、“悬挂缩进”等按钮，可手动调整段落缩进方式；在“开始”选项卡“段落”组中，单击“行距”命令，可从列表中选择行距大小。

4. 保存文件

（1）单击“Office”按钮，选择“保存”命令，打开“另存为”对话框。

（2）在“保存位置”下拉列表中选择“D 盘”；“保存类型”默认为“Word 文档（*.docx）”；在“文件名”文本框中输入“软件产品开发合同”，如图 3-6 所示。

（3）单击“保存”按钮，将文档保存到 D 盘，命名为“软件产品开发合同.docx”。

【实践与提高】

（1）用 Word 2007 创建一个“学习证明”，效果如图 3-7 所示。要求：

图 3-6 “另存为”对话框

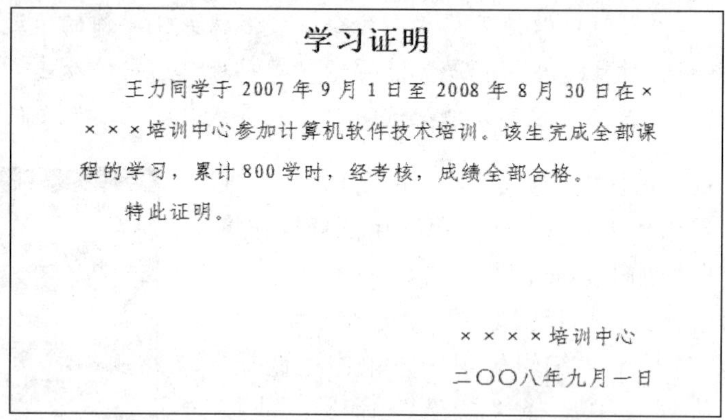

学习证明

王力同学于 2007 年 9 月 1 日至 2008 年 8 月 30 日在××××培训中心参加计算机软件技术培训。该生完成全部课程的学习，累计 800 学时，经考核，成绩全部合格。

特此证明。

××××培训中心

二〇〇八年九月一日

图 3-7 “学习证明”效果

1）标题：宋体、二号、加粗，单倍行距，段前、段后间距各 0.5 行，文字居中对齐。
2）正文：仿宋体、三号，单倍行距，首行缩进 2 字符。
3）落款：仿宋体、三号，单倍行距，文字右对齐。
（2）用 Word 2007 创建一个“荣誉证书”，效果如图 3-8 所示。要求：

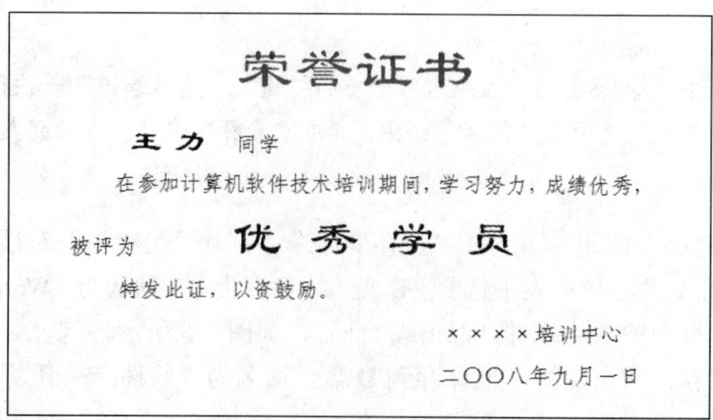

荣誉证书

王力 同学

在参加计算机软件技术培训期间，学习努力，成绩优秀，

被评为 优 秀 学 员

特发此证，以资鼓励。

××××培训中心

二〇〇八年九月一日

图 3-8 “荣誉证书”效果

1）标题：隶书、初号、加粗、红色，单倍行距，段前、段后间距各 0.5 行，文字居中对齐。

2）正文：仿宋体、三号，单倍行距，首行缩进 2 字符，其中“王力”为隶书，二号，“优秀学员”为隶书、小初。

3）落款：仿宋体、三号，单倍行距，文字右对齐。

实训 3.2　Word 2007 文档版面设置

【知识要点】

页面；页眉；页脚；打印。

【实训目的与要求】

（1）掌握 Word 2007 的页面设置操作，包括页边距、纸张大小、纸张方向等。

（2）掌握插入页眉、页脚和页码的操作。

（3）掌握打印设置、预览及打印的操作。

【实训内容与步骤】

对实训 3.1 中创建的“软件产品开发合同.docx”进行文档版面设置，效果如图 3-9 所示。

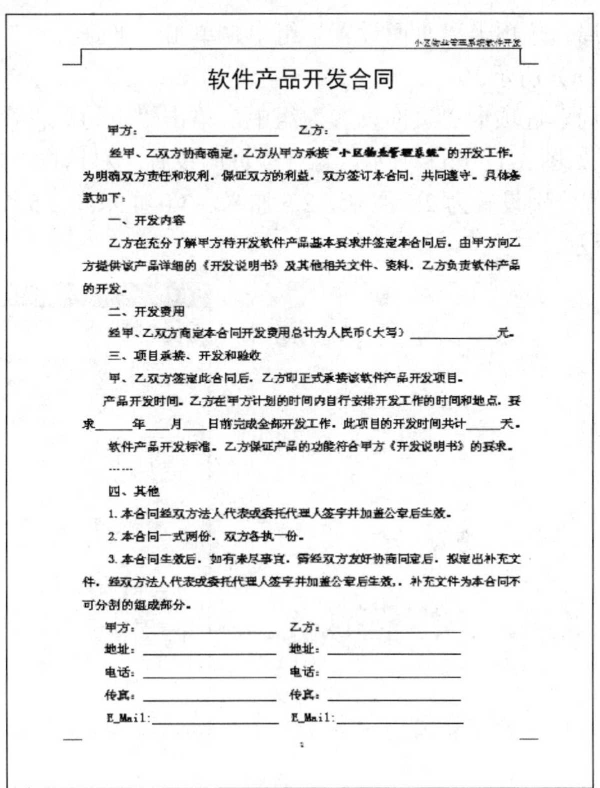

小区物业管理系统软件开发

软件产品开发合同

甲方：________________　乙方：________________

经甲、乙双方协商确定，乙方从甲方承接“小区物业管理系统”的开发工作，为明确双方责任和权利，保证双方的利益，双方签订本合同，共同遵守。具体条款如下：

一、开发内容

乙方在充分了解甲方待开发软件产品基本要求并签定本合同后，由甲方向乙方提供该产品详细的《开发说明书》及其他相关文件、资料，乙方负责软件产品的开发。

二、开发费用

经甲、乙双方商定本合同开发费用总计为人民币（大写）____________元。

三、项目承接、开发和验收

甲、乙双方签定此合同后，乙方即正式承接该软件产品开发项目。

产品开发时间。乙方在甲方计划的时间内自行安排开发工作的时间和地点，要求_____年____月____日前完成全部开发工作，此项目的开发时间共计_____天。

软件产品开发标准。乙方保证产品的功能符合甲方《开发说明书》的要求。

……

四、其他

1. 本合同经双方法人代表或委托代理人签字并加盖公章后生效。

2. 本合同一式两份，双方各执一份。

3. 本合同生效后，如有未尽事宜，需经双方友好协商同意后，拟定出补充文件，经双方法人代表或委托代理人签字并加盖公章后生效，。补充文件为本合同不可分割的组成部分。

甲方：________________　乙方：________________

地址：________________　地址：________________

电话：________________　电话：________________

传真：________________　传真：________________

E_Mail:________________　E_Mail:________________

1

图 3-9　“软件产品开发合同”版面设置效果

1．打开文档文件

（1）单击“Office”按钮，选择“打开”命令，如图 3-10（a）所示。

（2）在“打开”对话框中，从“保存位置”列表中选择“D 盘”，从“保存类型”下拉列表框中选择“Word 文档（*.docx）”，选中“软件产品开发合同.docx”文件，单击“打开”按钮，如图 3-10（b）所示。

（a）

（b）

图 3-10 打开 Word 文档文件

（a）选择“打开”命令；（b）“打开”对话框

2. 设置页面

（1）在“页面布局”选项卡“页面设置”组中，单击“纸张大小”命令，从列表中选择“A4”，如图 3-11（a）所示。

（2）在“页面布局”选项卡“页面设置”组中，单击“页边距”命令，从列表中选择“自定义边距”命令，如图 3-11（b）所示，打开“页面设置”对话框，将“上”、“下”、“左”和“右”数字框中数值分别设置为 2.5 厘米、2.5 厘米、3.0 厘米和 2.5 厘米，单击“确定”按钮，如图 3-11（c）所示。

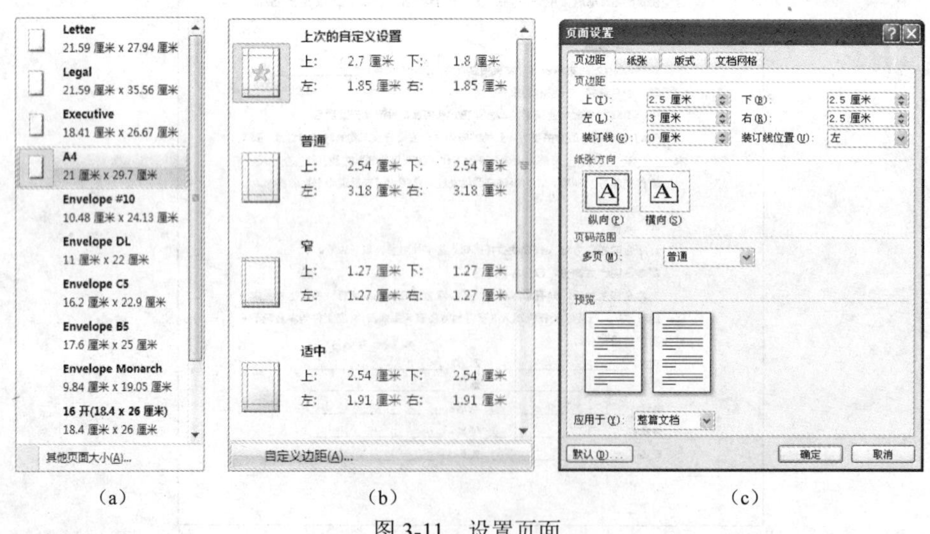

（a） （b） （c）

图 3-11 设置页面

（a）选择“纸张大小”；（b）选择“页边距”；（c）设置页边距

3. 设置页眉和页脚

（1）在“插入”选项卡“页眉和页脚”组中，单击“页眉”命令，从列表中选择“编辑页眉”命令，如图 3-12（a）所示。

（2）光标定位到页眉区，屏幕转换为页眉/页脚显示方式，输入页眉内容“小区物业管理系统软件开发”。

（3）在“开始”选项卡“段落”组中，单击“文本右对齐”命令，效果如图 3-12（b）所示。

（4）在页眉和页脚工具“设计”选项卡“关闭”组中，单击“关闭页眉和页脚”命令。

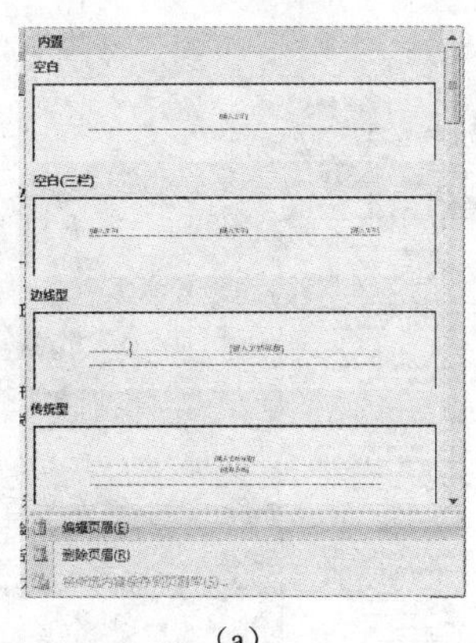

（a）

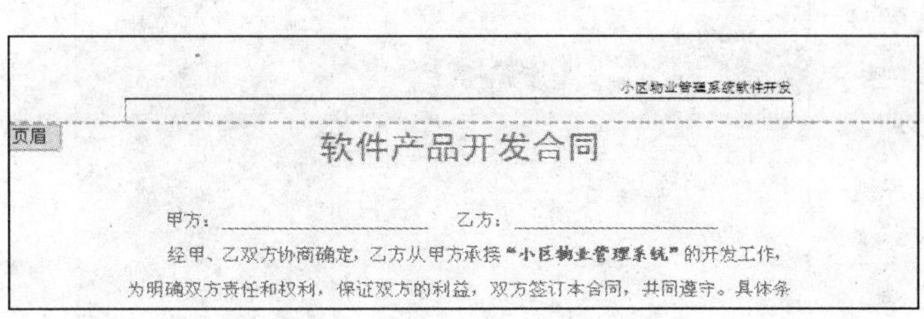

（b）

图 3-12　设置页眉

（a）选择“编辑页眉”命令；（b）输入页眉

提示：当编辑页眉时，在页眉和页脚工具“设计”选项卡“导航”组中，单击“转至页脚”命令，光标定位到页脚区，可完成插入、编辑页脚。

4. 插入页码

（1）在“插入”选项卡“页眉和页脚”组中，单击“页码”命令，如图 3-13（a）所示，从列表中选择“页面底端”→“普通数字 2”命令。

（2）选择“设置页码格式”命令，打开“页码格式”对话框，如图 3-13（b）所示，设置编号格式、页码编号等，单击“确定”按钮。

（3）按步骤 3 中的（3）操作方法设置页码对齐方式；按步骤 3 中的（4）操作方法切换到普通视图。

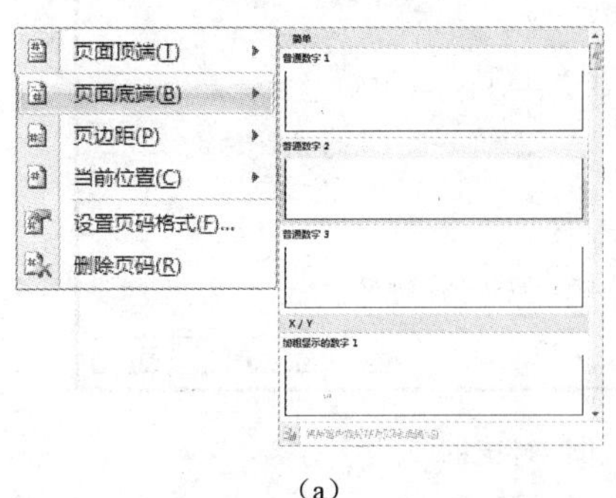

（a）

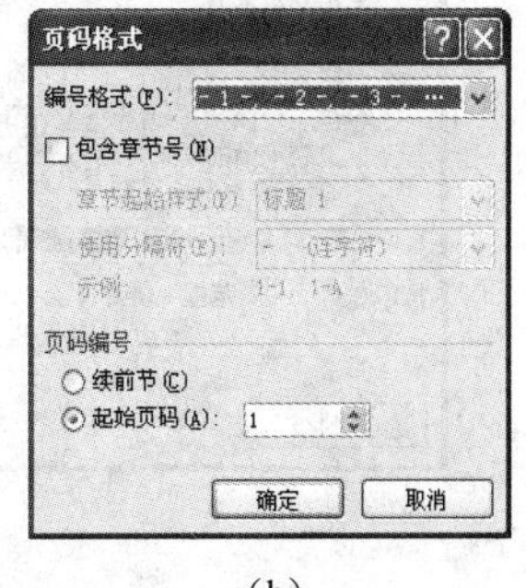

（b）

图 3-13　插入页码

（a）插入页码命令；（b）“页码格式”对话框

5. 打印预览

（1）单击“Office”按钮，选择“打印”→“打印预览”命令，或单击“快速访问区”的“打印预览”命令，“打印”菜单如图 3-14（a）所示。

（2）在“预览”窗口中，预览文档的版面设计效果，如图 3-14（b）所示。若版面设计不合适，可以通过“打印预览”选项卡“页面设置”组中的命令，按步骤 2 操作方法对页面进行重新设置。

（a）

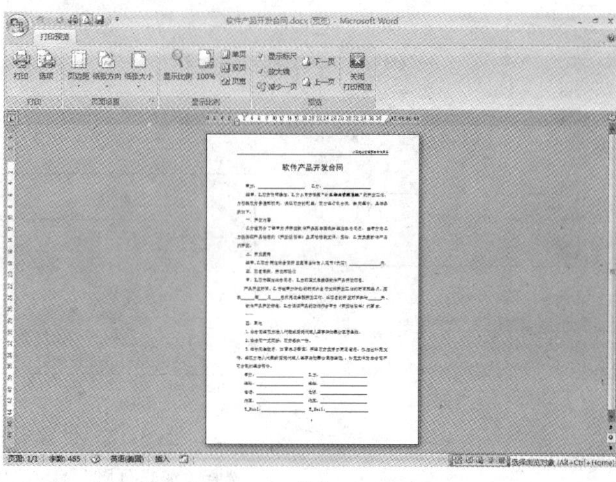

（b）

图 3-14　打印预览

（a）“打印”菜单；（b）“预览”窗口

6. 打印

（1）单击“Office”按钮，选择“打印”命令，或选择“打印”→“打印”命令，打开“打印”对话框，如图 3-15 所示。

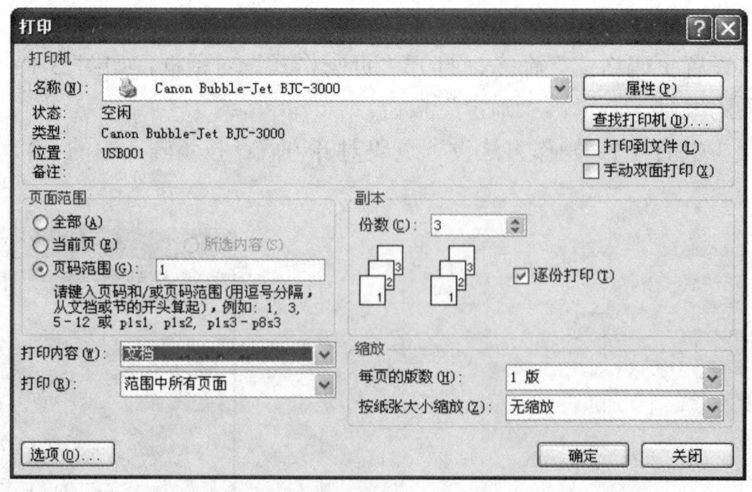

图 3-15　“打印”对话框

（2）在“打印”对话框中，从“打印机名称”列表中选择打印机，设置“页码范围”为“1”，设置“份数”为“3”，其他为默认，单击“确定”按钮。

7. 保存文件

单击“Office”按钮，选择“另存为”命令，将文档另存为 “软件产品开发合同-1.docx”。

【实践与提高】

（1）将实训 3.1 中创建的“学习证明”打印输出。要求：

页面：A4、纵向；页边距：上 3.7 厘米、下 3.5 厘米、左 2.8 厘米、右 2.6 厘米。

（2）将实训 3.1 中创建的“荣誉证书”打印输出。要求：

页面：自定义、25×17；页边距：上 3 厘米、下 2.5 厘米、左 2.5 厘米、右 2.5 厘米。

实训 3.3　Word 2007 表格处理

【知识要点】

表格；单元格；合并；居中。

【实训目的与要求】

（1）熟练掌握 Word 2007 表格的创建与编辑方法。

（2）掌握表格的格式化方法。

（3）掌握表格单元格的合并和拆分方法。

【实训内容与步骤】

用 Word 2007 的表格处理功能制作“商品销售收据”，效果如图 3-16 所示。

商品销售收据

年　月　日　　　　　　　　　　　　No.

商品名称	单位	数量	单价	金　　额						
				万	千	百	十	元	角	分
合计金额（大写）	万　仟　佰　拾　元　角　分									

收款单位（盖章）：　　　　　　　　收款人：

图 3-16 “商品销售收据”效果

1. 创建新文档

单击“开始”按钮，选择“程序”→“Microsoft Office”→“Microsoft Office Word 2007”命令，启动 Word 2007，自动创建一个名为“文档 1.docx”的文档文件。

2. 输入表头

（1）输入表格标题“商品销售收据”，按“Enter”键，将光标定位到下一行。

（2）输入“　年　月　日”和“No.”，中间插入适当空格，输入完成，按“Enter”键，光标定位到下一行。

3. 插入表格

（1）在“插入”选项卡“表格”组中，单击“表格”命令。

（2）从列表中选择“插入表格”命令，打开“插入表格”对话框，如图 3-17（a）所示，调整或输入列数为“5”、行数为“6”，单击“确定”按钮；或在“表格”列表的“插入表格”

区域中拖动鼠标创建一个“5×6 表格”，如图 3-17（b）所示。

（3）在文档中插入的表格效果如图 3-17（c）所示。

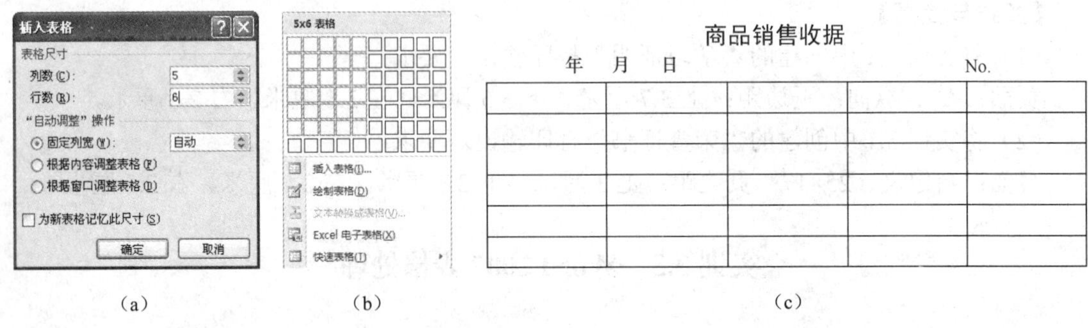

（a）（b）（c）

图 3-17 插入表格

（a）“插入表格”对话框；（b）5×6 表格；（c）插入表格效果

提示：将光标定位到表格内，在表格工具“布局”选项卡“表”组中，单击“绘制斜线表头”命令，打开“插入斜线表头”对话框，选择表头样式，设置字体大小，输入行标题和列标题等，单击“确定”按钮，可以为表格绘制斜线表头。

4. 设置表格的行高和列宽

（1）将光标定位到第 1 列，在表格工具“布局”选项卡“单元格大小”组中，调整“宽度”值为“3.5 厘米”，选定第 2 列到第 4 列，调整“宽度”值为“1.5 厘米”，鼠标指向最后一列的右侧边框线，当鼠标指针变为“+||+”形状时，拖动鼠标将最后一列调整到适当宽度。

（2）单击左上角的表格选定器⊞，选定整个表格，在表格工具“布局”选项卡“单元格大小”组中，调整“高度”的值为“0.8 厘米”。

（3）设置行高和列宽后表格效果如图 3-18 所示。

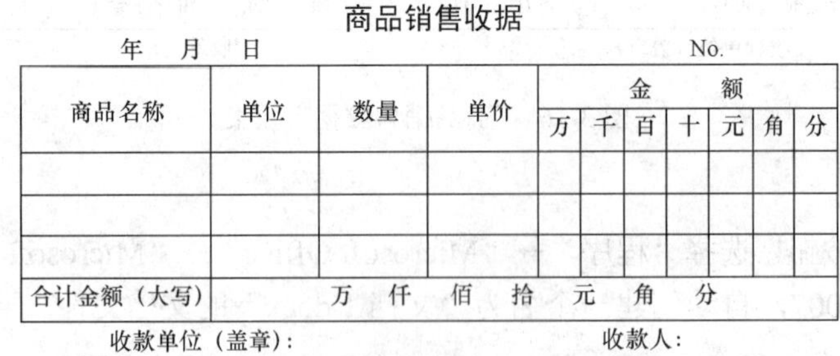

图 3-18 设置行高和列宽表格效果

提示：选定表格，右击鼠标，从弹出的快捷菜单中选择“自动调整”命令，可以将列宽按内容、窗口调整，也可将列宽固定。

5. 合并与拆分单元格

（1）选中 a1:a2 单元格，在表格工具“布局”选项卡“合并”组中，单击“合并单元格”

命令▦，选定的单元格合并成一个单元格，同样操作分别将 b1:b2、c1:c2、d1:d2、b6:e6 合并。

（2）选中 e2:e5 单元格，在表格工具“布局”选项卡“合并”组中，单击“拆分单元格”命令▦，打开“拆分单元格”对话框，如图 3-19（a）所示，输入或调整列数为“7”、行数为“4”，单击“确定”按钮。

（3）合并与拆分单元格后表格效果如图 3-19（b）所示。

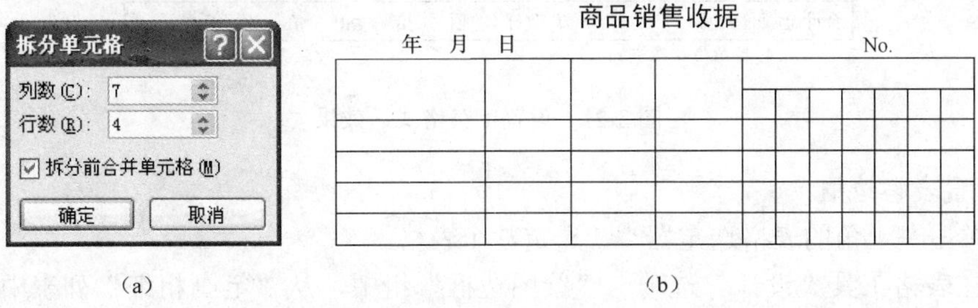

（a）　　　　（b）

图 3-19　合并与拆分单元格

（a）“拆分单元格”对话框；（b）合并与拆分单元格后表格效果

提示：选定多行和多列，在表格工具“布局”选项卡“单元格大小”组中，单击“分布列”命令或单击“分布行”命令，可快速平均分布选定的列或行。

6. 输入文字

光标定位到各单元格内，如图 3-16 所示输入表格内容，输入文字效果如图 3-20 所示。

商品销售收据

年　月　日　　　　No.

商品名称	单位	数量	单价	金　额						
				万	千	百	十	元	角	分
合计金额（大写）	万　仟　佰　拾　元　角　分									

收款单位（盖章）：　　　　收款人：

图 3-20　输入文字效果

7. 设置字符格式

（1）选中表标题“商品销售收据”，在“开始”选项卡“字体”组中，从“字体”列表中选定“黑体”；从“字号”列表中选定“二号”；在“段落”组中单击“居中”命令≡。

（2）选中“　年　月　日”和“No.”，在“开始”选项卡“字体”组中，从“字体”列表中选定“宋体”；从“字号”列表中选定“五号”；在“段落”组中单击“右对齐”命令≡。

（3）单击左上角的表格选定器⊞，选定整个表格。在“开始”选项卡“字体”组中，从“字体”列表中选定“宋体”；从“字号”列表中选定“五号”；在表格工具“布局”选项卡“对齐方式”组中，单击“水平居中”命令▤。

（4）设置字符格式后效果如图 3-21 所示。

商品销售收据

年 月 日 No.

商品名称	单位	数量	单价	金额						
				万	千	百	十	元	角	分
合计金额（大写）	万 仟 佰 拾 元 角 分									

收款单位（盖章）： 收款人：

图 3-21 设置字符格式后效果

8. 设置表格边框

（1）单击左上角的表格选定器，选定整个表格。

（2）在表格工具“设计”选项卡“绘图边框”组中，从“笔画粗细”列表中选定“1.5 磅”；在“表样式”组中，单击“边框”命令右侧箭头，从列表中选择“外侧框线”，将表格外边框设置为“1.5 磅”。

（3）在表格工具“设计”选项卡“绘图边框”组中，从“笔画粗细”列表中选定“0.5 磅”，在“表样式”组中，单击“边框”命令右侧箭头，从列表中选择“内部框线”，将表格内边框设置为“0.5 磅”。

（4）在表格工具“设计”选项卡“绘图边框”组中，从“笔画粗细”列表中选定“1.5 磅”，单击“绘制表格”命令，鼠标指针变为“”形状，拖动鼠标，将“元”与“角”、“万”与“千”之间的竖线加粗。

9. 保存文件

单击“Office”按钮，选择“保存”命令，将文档文件保存为“商品销售收据.docx”。

【实践与提高】

（1）应用 Word 2007 表格功能，制作“课程表”，效果如图 3-22 所示。要求：

课 程 表

星 期 节 次		星期一	星期二	星期三	星期四	星期五
上午	第 1 节					
	第 2 节					
	第 3 节					
	第 4 节					
下午	第 5 节					
	第 6 节					
	第 7 节					
	第 8 节					

图 3-22 “课程表”效果

1）标题：黑体、初号，文字居中对齐。

2）表内：宋体、四号，水平、垂直居中。

3）插入斜线表头：宋体、四号。

4）表格框线：外框为双线，内框为单线，0.5 磅。

5）页面：纸张 A4，横向，上、下、左、右页边距均为 2.5 厘米。

（2）应用 Word 2007 表格功能，制作“个人简历表”，效果如图 3-23 所示。要求：

1）标题：黑体、二号，文字居中对齐。

2）表内：宋体、小四号，水平、垂直居中。

3）表格框线：外框为单线，1.0 磅；内框为单线，0.5 磅。

4）页面：纸张 A4，纵向，上、下、左、右页边距均为 2.5 厘米。

个人简历表

<table>
<tr><td>姓　名</td><td></td><td>性别</td><td></td><td>民　族</td><td></td><td rowspan="5">照
片</td></tr>
<tr><td>出生日期</td><td colspan="3"></td><td>政治面貌</td><td></td></tr>
<tr><td>籍　贯</td><td colspan="3"></td><td>健康状况</td><td></td></tr>
<tr><td>学　历</td><td></td><td colspan="2">学　位</td><td colspan="2"></td></tr>
<tr><td>毕业学校</td><td colspan="3"></td><td>所学专业</td><td></td></tr>
<tr><td>联系电话</td><td colspan="3"></td><td>联系地址</td><td colspan="2"></td></tr>
<tr><td>主
修
课
程</td><td colspan="6"></td></tr>
<tr><td>计算机
应用能力</td><td colspan="3"></td><td>外语水平</td><td colspan="2"></td></tr>
<tr><td>应聘职位</td><td colspan="3"></td><td>待遇要求</td><td colspan="2"></td></tr>
<tr><td>证书
与
奖励</td><td colspan="6"></td></tr>
<tr><td>兴趣爱好</td><td colspan="6"></td></tr>
<tr><td>个
人
主
要
简
历
及
主
要
业
绩</td><td colspan="6"></td></tr>
</table>

图 3-23　“个人简历”效果

实训 3.4　Word 2007 图文处理

【知识要点】

图片；图形；艺术字；文本框；图文混排。

【实训目的与要求】

（1）熟练掌握插入图片、编辑图片和设置图片格式的操作。

（2）掌握绘制简单的图形和设置图形格式的操作。

（3）掌握艺术字、文本框的使用和格式设置操作。

（4）掌握图文混排的使用方法与技巧。

【实训内容与步骤】

制作一张圣诞联欢会的海报，效果如图 3-24 所示。

图 3-24 “圣诞联欢会海报”效果

1. 创建新文档

单击“开始”按钮，选择“程序”→“Microsoft Office”→“Microsoft Office Word 2007”命令，启动 Word 2007，自动创建一个名为“文档 1.docx”的文档文件。

2. 设置页面

（1）在“页面布局”选项卡“页面设置”组中，单击“纸张大小”命令，从列表中选择“A4”；单击“纸张方向”命令，从列表中选择“纵向”。

（2）在“页面布局”选项卡“页面设置”组中，单击“页边距”命令，从列表中选择“自定义边距”命令，打开“页面设置”对话框，输入或调整“上”、“下”、“左”和“右”数字框的数值均为 3 厘米，单击“确定”按钮。

3. 输入海报标题

（1）插入艺术字。操作步骤如下：

1）将光标定位到文档中，在“插入”选项卡“文本”组中单击“艺术字”命令，从下拉列表中选择第 3 行第 1 个样式，即“艺术字样式 13”，如图 3-25（a）所示。打开“编辑艺术字文字”对话框，在“文本”区输入艺术字内容“圣诞”，如图 3-25（b）所示，在“字体”列表中选择“宋体”，在“字号”列表中选择“72”，单击“确定”按钮。

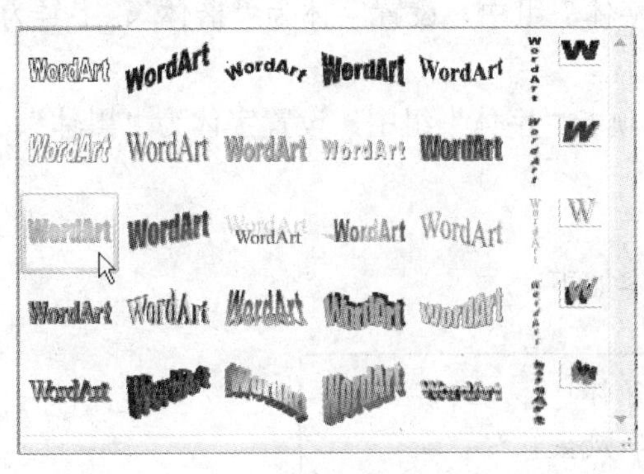

（a）

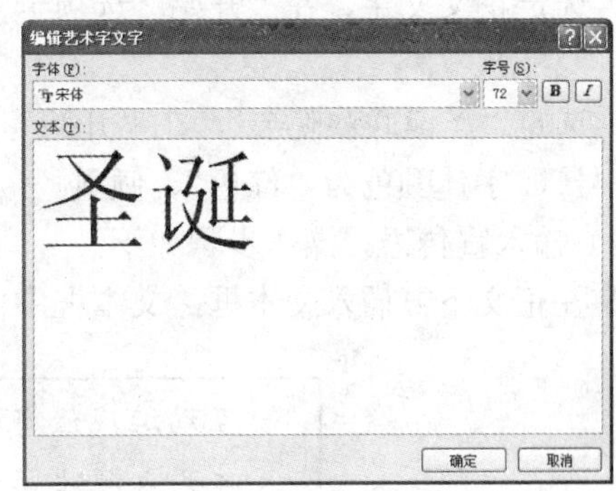

（b）

图 3-25 插入艺术字

（a）选择艺术字样式；（b）输入艺术字内容

2）选定艺术字“圣诞”，在艺术字工具“格式”选项卡“排列”组中，单击“文字环绕”命令，从列表中选择“紧密型环绕”命令，移动艺术字到适当的位置。

提示：在艺术字工具“格式”选项卡中可对文字格式、艺术字样式等进行设置。此外，在艺术字上右击鼠标，从弹出的快捷菜单中选择“设置艺术字格式”命令，打开“设置艺术字格式”对话框，也可对艺术字的颜色与线条、大小和版式进行设置。

（2）插入文本框。操作步骤如下：

1）在“插入”选项卡“文本”组中，单击“文本框”命令，从下拉列表中选择“简单文本框”，则在文档中插入一个文本框，输入文字“联欢会”。

2）选定文本，在“开始”选项卡“字体”组中，设置文字格式，字体为“华文隶书”、字号为“小初”、字体颜色为“红色”。

3）选定文本，在文本框工具“格式”选项卡“文本框样式”组中，单击“形状轮廓”命令右侧箭头，从下拉列表中选择“无轮廓”命令；单击“排列”组中的“置于底层”命令，如图 3-24 所示，将文本框移动到“圣诞”艺术字的右侧。

提示：在文本框上右击鼠标，从弹出的快捷菜单中选择“设置文本框格式”命令，打开“设置文本框格式”对话框，可以对文本框的颜色与线条、大小、版式以及内部边距、垂直对齐方式进行设置。

4. 输入海报内容

（1）输入正文。操作步骤如下：

1）将光标定位到标题下方，输入海报正文，正文内容如下：

当白白的雪花在空中摇曳着，我们听到了从远处飘来的叮叮当……叮叮当……的清脆铃声，红袍红帽白胡子的圣诞老人驾着鹿车来了。在此佳节来临之际，我们将举办一场精彩的圣诞联欢晚会。

2）选定正文文字，在“开始”选项卡“字体”组中，设置字体为“楷体”、字号为“小二”。

3）选定“圣诞联欢晚会”，在“开始”选项卡“字体”组中，设置字体为“黑体”、字号为“二号”、字体颜色为“红色”、倾斜。

（2）输入宣传语。操作步骤如下：

1）在正文下方插入文本框，文本框中内容如下：

互动游戏让您乐开怀！ 才艺表演让您一展风采！ 幸运大抽奖让您好事连连来！ 浓情化妆舞会让您尽享浪漫风情！

2）按步骤 3 中的（2）操作方法，将文本框线条颜色设置为“无颜色”，设置文字字体为“宋体”、字号为“小三号”。

3）选中文本框，在文本框工具“格式”选项卡“阴影效果”组中，单击“阴影效果”命令，从列表中选择“阴影样式 5”，如图 3-26（a）所示。

4）选中文本框中的文字，在“开始”选项卡“段落”组中，单击“项目符号”命令，从项目符号库中选择一种项目符号，如图 3-26（b）所示。

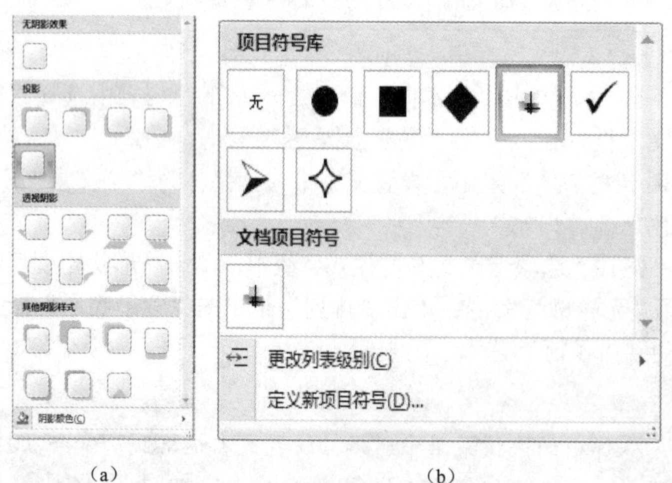

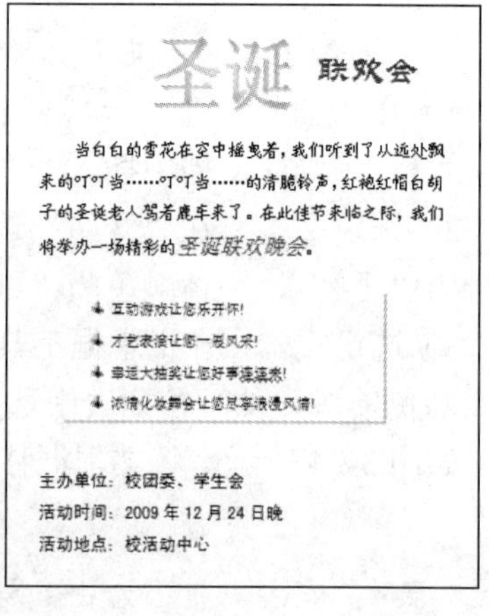

（a） （b） （c）

图 3-26 设置文本、文本框格式

（a）“阴影效果”列表；（b）“项目符号”列表；（c）海报效果

（3）输入海报落款。操作步骤如下：

1）在页面左下方插入文本框，文本框中内容如下：

主办单位：校团委、学生会
活动时间：2009 年 12 月 24 日晚
活动地点：校活动中心

2）选定文字，在“开始”选项卡“字体”组中，设置字体为“黑体”、字号为“小二”。

3）输入海报标题、内容，设置格式后效果如图 3-26（c）所示。

5. 放置形状对象

（1）在“插入”选项卡“插图”组中，单击“形状”命令，从中选择“基本形状”中的“圆角矩形”，在文档中拖动鼠标绘制一个圆角矩形，如图 3-27（a）所示。

（2）选定圆角矩形，在绘图工具“格式”选项卡“排列”组中，单击“置于底层”命令；单击“文字环绕”命令，从“版式”列表中选择“衬于文字下方”命令，如图 3-27（b）所示。

（3）选定圆角矩形，在绘图工具“格式”选项卡“形状样式”组中，单击“形状轮廓”命令，从列表中选择“主题颜色”为“红色”，海报效果如图 3-27（c）所示。

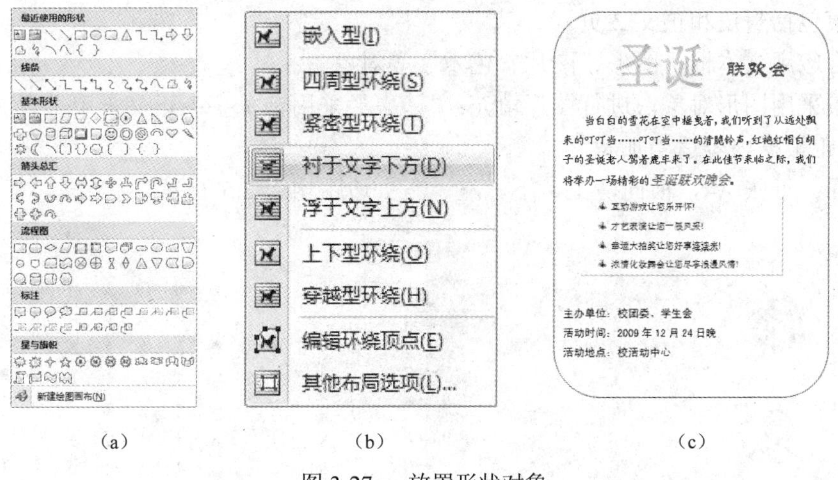

图 3-27　放置形状对象

（a）“形状”列表；（b）“版式”列表；（c）海报效果

6. 插入图片对象

（1）在“插入”选项卡“插图”组中，单击“图片”命令，打开“插入图片”对话框，在“查找范围”列表框中指定图片文件的存放位置，选定图片文件，单击“插入”按钮，用鼠标拖动图片，放置在文档的左上角；同样操作插入另一个图片，放置在文档的右下角。

（2）选中左上角图片，在图片工具“格式”选项卡“排列”组中，单击“旋转”命令右侧箭头，从列表中选择“其他旋转选项”命令，打开“设置图片格式”对话框，选定“大小”选项卡，在对话框中设置图片的旋转角度为“345°”，单击“确定”按钮。

提示：在选定图片后，将鼠标指向“绿色小圆圈”，拖动鼠标可以将图片旋转到任意角度。

7. 插入艺术字对象

（1）在“插入”选项卡“文本”组中，单击“艺术字”命令，在列表中选定 1 个样式，打开“编辑艺术字文字”对话框。

（2）在“文本”区输入文字“Merry Christmas”，从“字号”列表中选择“72”，单击“确定”按钮。

（3）选定艺术字，在艺术字工具“格式”选项卡“艺术字样式”组中，单击“形状填充”命令，从列表中选择“红色”；单击“形状轮廓”命令，从列表中选择“主题颜色”为“红色”；单击“更改形状”命令，从列表中选择“右牛角形”。

（4）在艺术字工具“格式”选项卡“排列”组中，单击“文字环绕”命令，从列表中选定“紧密型环绕”。

（5）选定艺术字，拖动艺术字尺寸控点，调整大小，拖动置于适当位置，并进行适当的旋转，最后效果如图 3-24 所示。

【实践与提高】

（1）应用 Word 2007 的图文混排功能，制作一份请柬，效果如图 3-28 所示。要求：

1）请柬包括封皮和正文 2 页。

2）综合应用文本框、图形、图片、艺术字等对象。

3）背景采用图形对象，进行图形填充；“请柬”采用艺术字；正文采用垂直文本框，行间距和字间距根据内容适当加宽。

4）页面：纸张 A4，横向，上、下、左、右页边距均为 2.5 厘米。

图 3-28 “请柬”效果

（2）应用 Word 2007 的图文混排功能，制作一份环保专题小报，效果如图 3-29 所示。要求：

1）灵活应用文本框、图形、图片、艺术字等对象。

2）版面设计美观大方，内容健康，主题明确。

3）页面：纸张 A4，横向，上、下、左、右页边距均为 2 厘米。

环保小报

2009 年第 3 期

☆刊首语☆

保护环境，人人有责，让我们都来关爱自然，热爱地球吧，手挽手，肩并肩，心连心地筑起一道绿色环保的大堤，捍卫资源，捍卫环境，捍卫地球，捍卫我们美好的家园吧！

环保知识

环境是人类目前赖以生存，生活和生产所必需的自然条件和自然资源的总称。具体指：大气、水、土地、矿藏、森林、草原、野生动物、野生植物、名胜古迹、风景游览区、温泉、疗养区、自然保护区、生活居住区等。

如今，通过各种媒体，每个人都越来越多地意识到环境和发展问题的存在。许多人都听说过热带雨林的消失、酸雨、臭氧层破坏、全球变暖、生物多样性锐减、贫困、难民潮、食物危机等问题。

环境保护就是利用现代科学和理论与方法，协调人类和环境的关系，解决各种环境问题，是保护、改善和创造环境的一切人类活动的总称。

《环境保护法》是我国一部综合性环境保护基本法，它规定了国家保护环境的目的、任务、政策、基本原则和基本制度，规定了国家保护和改善环境，防治污染和其它公害的基本措施，还对违反环境保护法者承担的法律责任作了原则的规定，是调整人们在开发、利用、保护和改善环境的活动中所产生的各种社会关系的法律规范的总称。

环保节日

国际湿地日：2 月 2 日　　世界人口日：1987 年 7 月 11
世界水日：1 月 18 日　　国际保护臭氧层日：9 月 16 日
世界气象日：3 月 23 日　　国际保护臭氧层日　：9 月 16 日
地球日：4 月 22 日　　世界动物日：10 月 4 日
世界无烟日　：5 月 31 日　　世界粮食日：10 月 16 日
世界环境日：6 月 5 日　　国际生物多样性日　：12 月 29

空气污染　　噪声污染　　水污染　　废物、光、食品污染

可回收垃圾和不可回收垃圾各有哪些？

不可回收垃圾多是一些在自然条件下易分解的垃圾，如果皮、剩饭、花草树叶等。

生活中可回收资源主要有：

（1）废纸：报纸、书本纸、包装用纸、办公用纸、广告用纸、纸盒等；注意纸巾和厕所纸由于水溶性太强不可回收。

（2）塑料：各种塑料袋、塑料泡沫、塑料包装、一次性塑料餐盒餐具、硬塑料、塑料牙刷、塑料杯子、矿泉水瓶等；

（3）玻璃：玻璃瓶和碎玻璃片、镜子、灯泡、暖瓶等；

（4）金属：易拉罐、铁皮罐头盒、牙膏皮等。

（5）布料：主要包括废弃衣服、桌布、毛巾、布包等

※※每天必吃的抗辐射食品※※

电磁辐射是一种重要的能源污染，手机上，家用微波炉、电脑、电视、空调、电褥子等都会放出电磁波，电磁辐射会产生不同程度的危害，如头痛、失眠、心率不齐等，对于有些人的眼睛可能产生影响，出现视力下降、皮肤病等现象。

注意微量元素的摄入，微量元素硒具有抗氧化的作用，含硒丰富的食物首推芝麻、麦芽和中药材黄芪，其次是酵母、蛋类、啤酒、海产类有大红虾、龙虾、虎爪鱼、金枪鱼等，再次是动物的肝、肾等肉类，而水果和大多数蔬菜含硒都不多，不过，大蒜、蘑菇的含量却相当多。

注意补充维生素，具有抗氧化作用的维生素 A、C、E 是很好的抗氧化组合，多吃水果和蔬菜可以增强对电磁辐射的抵抗能力，在动物内脏以及各种黄颜色的蔬菜中都含有，动物内脏、各种豆类、油菜、青菜、芥菜、卷心菜、萝卜等十字花科蔬菜等都含有丰富的维生素 E，对帮助保护细胞膜免受自由基攻击非常有效。

保护环境　从我做起

1、烧菜做饭少用煤炉，改用液化气，炒菜时不要等油热得冒烟时才放菜，尽量减少空气污染。

2、家中的阳台上多种花草盆景，经常打扫房间，经常晒被，保持家庭环境空气清新怡人。

3、减少噪音污染，尽量减低说话或录音机播放时的音量。

4、正确处理废弃物，对生活垃圾分类，合理排放生活用水。

5、保护野生动植物，不吃野生动物，保护生态平衡。

6、奉劝家人、亲友不吸烟，不随意焚烧垃圾，维护家人身体健康，保持洁净环境。

7、塑料瓶、废纸等收集起来卖给收废站，减少垃圾排放。

8、家中养的宠物要看管好，防止影响邻居休息及粪便污染，维护和谐的生活社区和环境。

9、洗米水可浇花或洗菜、冲厕所。

10、将废电池投入回收箱或收集送往回收站。

图 3-29 “环报专题小报”效果

第 4 章

Excel 2007 电子表格处理软件

实训 4.1　Excel 2007 电子表格的基本操作

【知识要点】

工作簿；工作表；单元格；数据类型；编辑；格式化。

【实训目的与要求】

（1）掌握 Excel 2007 启动和退出的操作方法，熟悉 Excel 2007 的工作界面。

（2）掌握 Excel 2007 工作簿建立、打开和保存的操作方法。

（3）理解工作簿、工作表、单元格等基本概念及工作表中的数据类型。

（4）熟练掌握工作表中数据输入和编辑的操作方法。

（5）掌握格式化工作表的操作方法。

【实训内容与步骤】

用 Excel 2007 制作“个人通讯录”，效果如图 4-1 所示。

个人通讯录

序号	姓名	出生日期	固定电话	移动电话	通讯地址	邮编	E-mail
1	王红丽	1980年2月1日	2828282	13900000000	营口市站前区	115000	wx1@126.com
2	赵思阳	1979年3月6日	3636360	13800000000	大连市沙河口区	116010	zsy@163.com
3	李莉莉	1982年7月18日	3535265	13200000000	营口市西市区	115003	111@sina.com
4	孙甜甜	1979年12月20日	3736352	13700000000	沈阳市和平区	110000	stt@sohu.com

图 4-1 “个人通讯录”效果

1. 启动 Excel 2007

（1）单击“开始”按钮，选择“程序”→“Microsoft Office”→“Microsoft Office Excel 2007”命令，如图 4-2（a）所示。

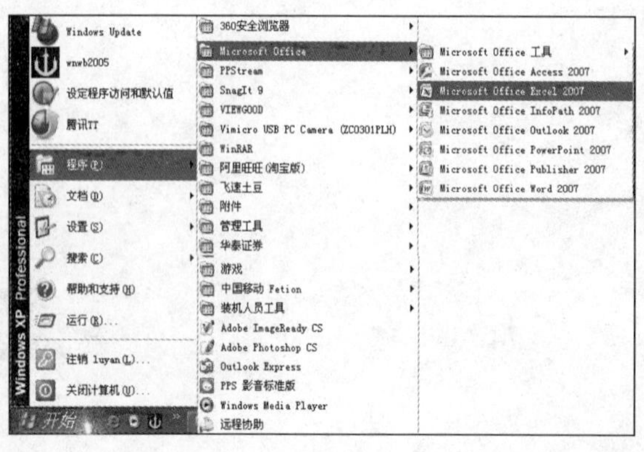

（a）

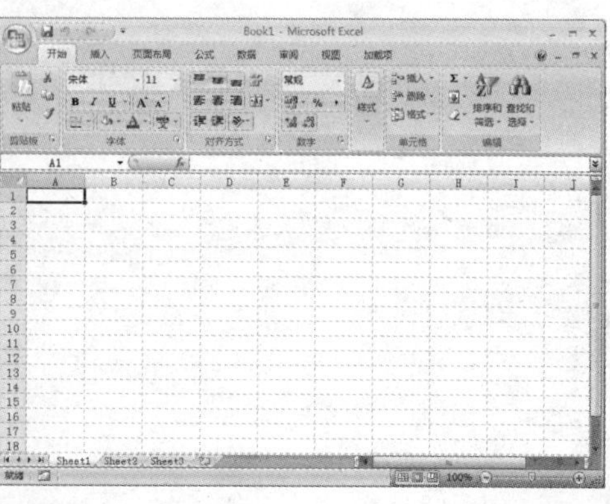

（b）

图 4-2　Excel 2007 的启动

（a）启动 Excel 2007；（b）Excel 2007 应用程序窗口

（2）启动 Excel 2007，打开 Excel 2007 应用程序窗口，自动创建一个名为“Book1.xlsx”的文档文件，如图 4-2（b）所示。

（3）在 Excel 2007 工作界面上，观察标题栏、Office 按钮、快速访问工具栏、功能区、编辑栏和工作表编辑区等所处的位置和包含的内容。

2. 创建工作表

（1）重命名工作表。右击工作表标签 Sheet1，从弹出的快捷菜单中选择“重命名”命令，如图 4-3（a）所示；或双击工作表标签，工作表标签呈反白显示，输入工作表名称（如“个人通讯录”），如图 4-3（b）所示。

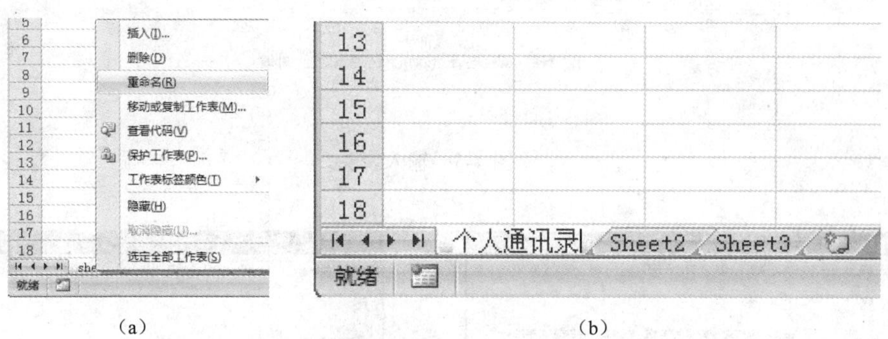

（a）　　　　（b）

图 4-3　重命名工作表

（a）选择“重命名”命令；（b）输入工作表名

提示：当工作簿包含多张工作表时，应为每个工作表命名一个明确的名字，便于快速切换与管理工作表。

（2）输入表标题。选定 A1:H1 区域，在“开始”选项卡“对齐方式”组中，单击“合并后居中”命令，如图 4-4（a）所示。输入表标题“个人通讯录”，如图 4-4（b）所示。

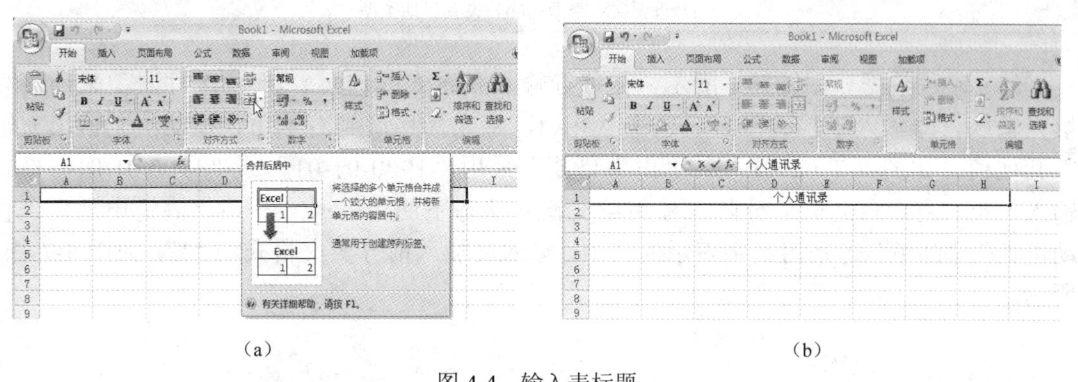

（a）　　　　（b）

图 4-4　输入表标题

（a）合并单元格；（b）输入表标题

（3）输入表头。依次在 A2：H2 单元格中输入“序号”、“姓名”、“出生日期”、“固定电话”、“移动电话”、“通讯地址”、“邮编”、“E-mail”，如图 4-5 所示。

（4）设置数据（字段）类型。按下“Ctrl”键，依次单击 A、D、E、G 列，选定多列，右击鼠标，从弹出的快捷菜单中选择“设置单元格格式”命令，打开“设置单元格格式”对话框，在“数字”选项卡“分类”列表中，选择“文本”类型，如图 4-6（a）所示。同样操作方法，将 C 列设置为日期类型，如图 4-6（b）所示。

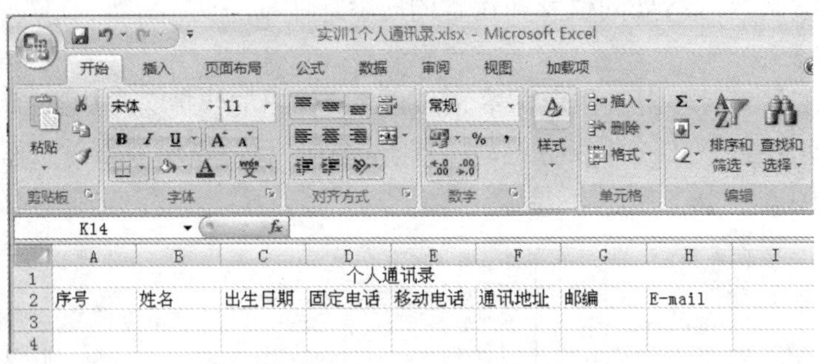

图 4-5　输入表头

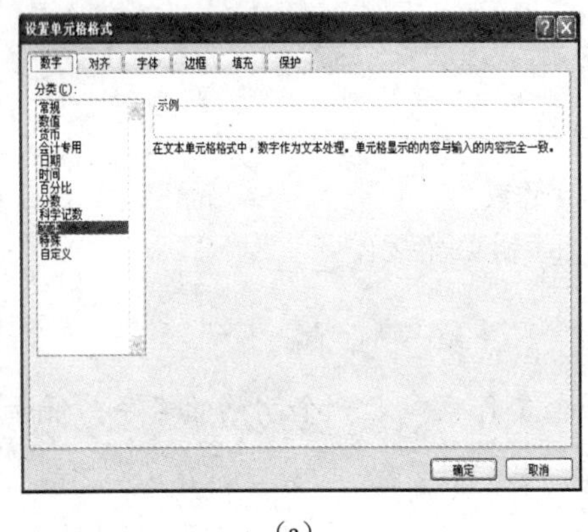

（a）

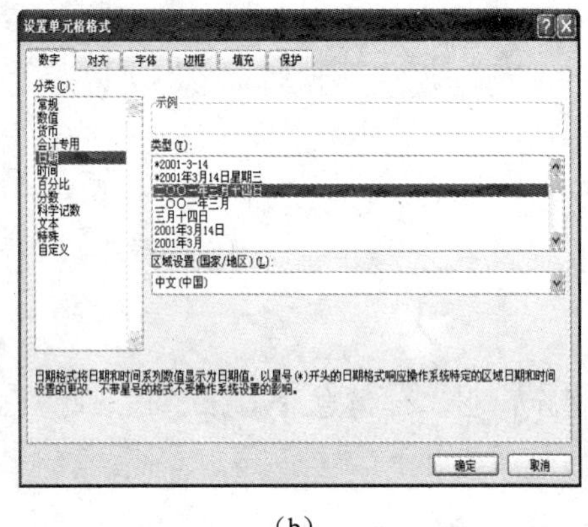

（b）

图 4-6　设置数据（字段）类型

（a）设置文本类型；（b）设置日期类型

（5）输入数据。如图 4-1 所示，在每行输入联系人的信息。其中，“序号”采用序列填充输入，即输入“1”、“2”后选中 A3:A4，将光标移动到右下角，拖动填充柄填充输入其他值，如图 4-7（a）所示；“出生日期”采用“1900-01-01”或“1900/01/01”格式输入，年、月、日之间的分隔符使用英文输入状态下的“/”或“－”；“固定电话”、“移动电话”、“邮编”等采用数字表示的文本，输入前加入前导英文格式的“'”，如图 4-7（b）所示。

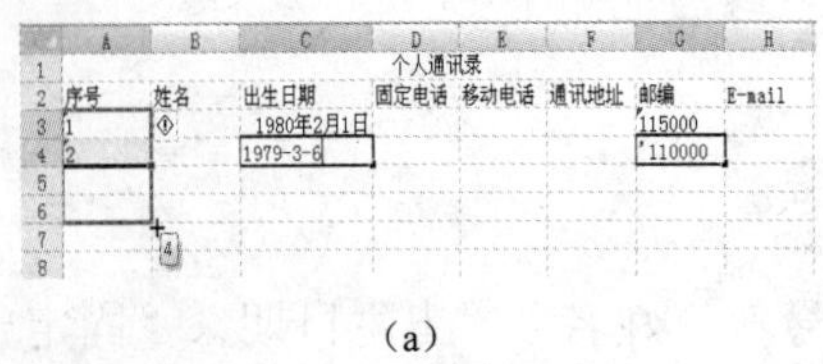

（a）

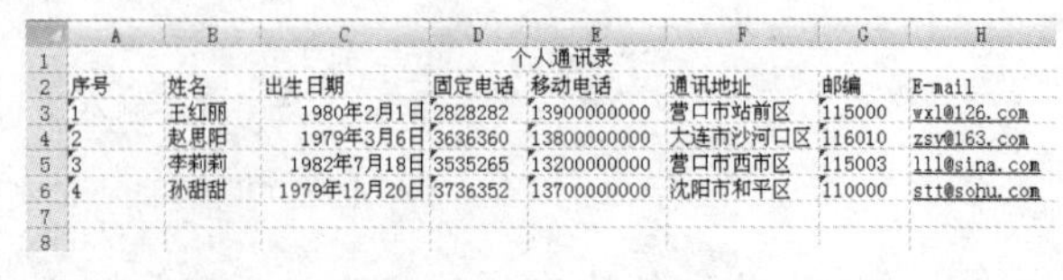

（b）

图 4-7　输入数据

（a）输入数据；（b）输入数据效果

3. 格式化工作表

（1）设置字符格式。在“开始”选项卡中，通过“字体”组中的命令设置字体、字号等，通过“对齐方式”组中的命令设置字符居中，如图 4-8 所示。其中，表标题为黑体、18 磅、居中，表头为宋体、14 磅、加粗、居中，表内文字为宋体、12 磅、居中。

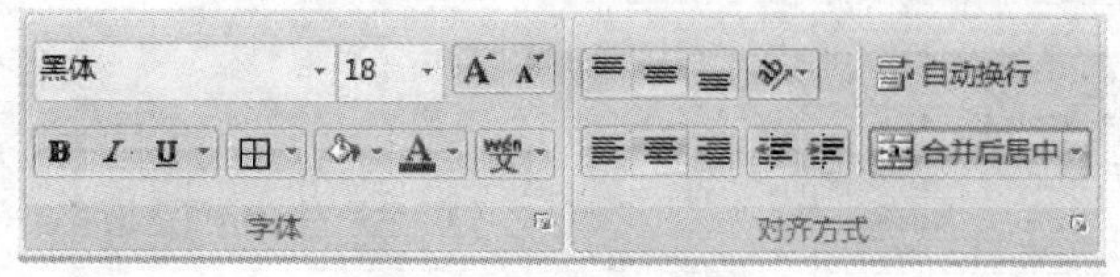

图 4-8　设置字符格式

（2）调整行高和列宽。选定第 1 行，右击鼠标，从弹出的快捷菜单中选择“行高”命令，打开“行高”对话框，输入行高“30”，单击“确定”按钮，如图 4-9（a）所示，同样操作设置 2-6 行的行高为适当值；选定 A 列，右击鼠标从弹出的快捷菜单中选择“列宽”命令，打开“列宽”对话框，输入列宽“6”，单击“确定”按钮，如图 4-9（b）所示。同样操作设置 B-H 列的列宽为适当值。

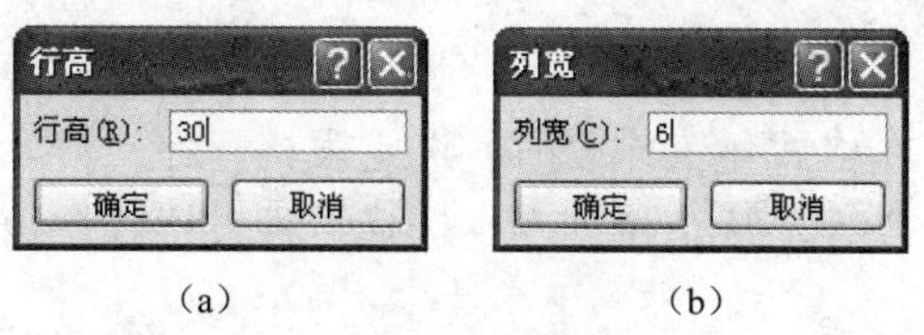

（a）　（b）

图 4-9　输入数据

（a）“行高”对话框；（b）“列宽”对话框

（3）设置边框。选定工作表 A2:H6 区域，在“开始”选项卡“字体”组中，单击“边框”命令右侧箭头，如图 4-10（a）所示。从下拉列表中选择“所有框线”命令，选中区域被设置为网格边框，效果如图 4-10（b）所示。

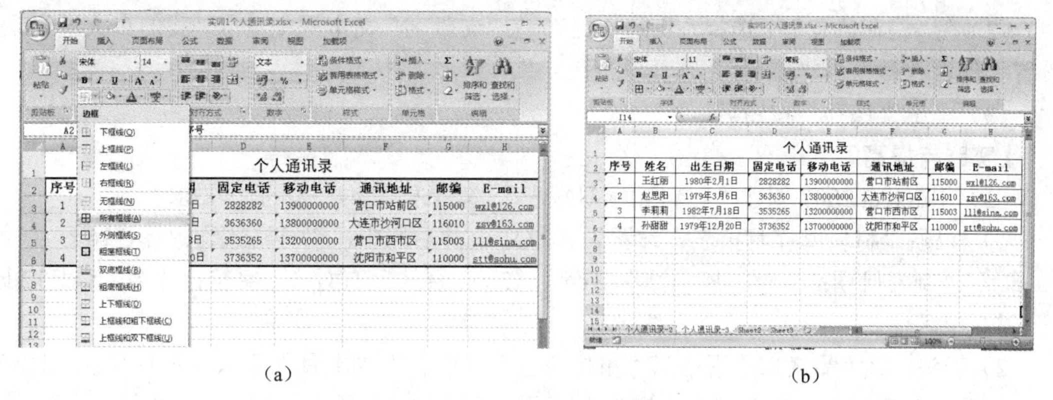

（a）　（b）

图 4-10　设置边框

（a）选择边框；（b）设置边框效果

（4）设置底纹。选定工作表 A2:H2 区域，在“开始”选项卡“字体”组中，单击“填充颜色”命令右侧箭头，从列表中选择要填充的颜色为“水绿色”，如图 4-11（a）所示。选中区域被设置为指定的底纹颜色效果，如图 4-11（b）所示。

（a）

个人通讯录							
序号	姓名	出生日期	固定电话	移动电话	通讯地址	邮编	E-mail
1	王红丽	1980年2月1日	2828282	13900000000	营口市站前区	115000	wxl@126.com
2	赵思阳	1979年3月6日	3636360	13800000000	大连市沙河口区	116010	zsy@163.com
3	李莉莉	1982年7月18日	3535265	13200000000	营口市西市区	115003	lll@sina.com
4	孙甜甜	1979年12月20日	3736352	13700000000	沈阳市和平区	110000	stt@sohu.com

（b）

图 4-11 设置底纹

（a）选择填充颜色；（b）设置底纹效果

提示：在“开始”选项卡“字体”组中，单击右下角的对话框启动器，打开“设置单元格格式”对话框，选择“边框”选项卡，可以设置边框，选择“填充”选项卡，可以设置底纹。

（5）套用表格格式。在格式化工作表时，选定表格，在“开始”选项卡“样式”组中，单击“套用表格格式”命令，从下拉列表中选择一种表样式快速格式化工作表。

提示：在“开始”选项卡”样式”组中，单击“条件格式”命令，可以使用数据条、色阶和图标集等突出显示相关单元格，强调异常值，从而使数据间分析、对比达到可视化的效果。

4. 保存工作表

（1）单击“Office”按钮，选择“保存”命令，打开“另存为”对话框。

（2）在“保存位置”中选择“我的文档”，在“文件名”文本框中输入“我的个人通讯录”，设置“保存类型”为“Excel 工作簿（*.xlxs）”。

（3）单击“保存”按钮。

【实践与提高】

（1）用 Excel 2007 创建“材料库存月报表”，效果如图 4-12 所示。要求：

1）标题：“材料库存月报表”设置为 A1:O1 合并后居中，字符格式为黑体、16 磅，行高 40 像素。“制表日期：　年　月　日”设置为 A2:O2 合并后右对齐，字符格式为宋体、12 磅，行高 20 像素。

2）表头：将“品名”、“规格”、“单位”、“上月库存”、“本月入库”、“本月结存”对应单元格设置合并后居中，字符格式为宋体、12 磅，行高 20 像素。

3）列宽：A 列宽 15，其余各列宽度为 8。

4）表格线：网格线。

（2）用 Excel 2007 创建“考勤表”，效果如图 4-13 所示。要求：

1）标题：设置 A1:AJ1 合并后居中，字符格式为黑体、22 磅、加粗。

材料库存月报表

制表日期：　　年　月　日

品名	规格	单位	上月结存			本月入库			本月出库			本月结存		
			数量	单价	金额	数量	单价	金额	数量	单价	金额	数量	单价	金额

图 4-12　“材料库存月报表”效果

考　勤　表

年　月份

单位名称：　部门名称：　填表日期：　年　月　日

姓 名	1	2	3	4	5	6	7	8	9	10	11	12	13	14	15	16	17	18	19	20	21	22	23	24	25	26	27	28	29	30	31	迟到早退	旷工	实出勤	备注

填表符号说明：出勤√，病假○，事假△，旷工×，迟到早退#，婚假+，丧假-，产假◇，探亲假□，加班⊙，特殊情况用文字注明。

分管领导：　　部门负责人：　　考勤员：

图 4-13　“考勤表”效果

2）副标题：“　年　月份”设置为 A2:AJ2 合并后右对齐，字符格式为黑体、24 磅；“单位名称、部门名称、填表日期：　年　月　日”字符格式为宋体、12 磅。

3）表头：日期采用序列填充输入，字符格式设置为宋体、12 磅、文字居中。

4）表尾：说明部分设置 A17:AJ17 合并后左对齐，字符格式为宋体、10 磅。签字部分字符格式为宋体、12 磅。

5）行高、列宽为合适值。

实训 4.2　Excel 2007 数据运算操作

【知识要点】

公式；运算符号；函数。

【实训目的与要求】

（1）熟悉 Excel 2007“公式”选项卡中的命令。

（2）掌握编辑公式、复制公式的操作方法，能利用公式进行数据运算。

（3）了解函数的功能和分类，能利用函数进行计算和数据统计分析。

【实训内容与步骤】

用 Excel 2007 制作“学生成绩表”，效果如图 4-14（a）所示。利用数据运算功能实现对“学生成绩表”中数据的计算、统计和分析，效果如图 4-14（b）所示。

学生成绩表

学号	姓名	语文	数学	英语	总分	平均分
1	王力力	82	65	56	203	68
2	张晓红	88	96	91	275	92
3	赵云霞	72	62	70	204	68
4	李琳琳	81	96	84	261	87
5	周小莉	95	90	98	283	94
6	王洪强	71	56	49	176	59
7	刘思雨	85	100	100	285	95
8	陈朝阳	86	97	100	283	94
9	孙维信	60	85	61	206	69
10	郑晓晓	71	89	82	242	81

（a）

成绩统计分析报表

项目		语文	数学	英语	总分	平均分
最高分		95	100	100	285	95
最低分		60	56	49	176	59
平均分		79	83	79	242	81
分段统计	100分	0	1	2	-	0
	90-99分	1	4	2	-	4
	80-89	5	2	2	-	2
	70-79分	3	0	1	-	0
	60-69分	1	2	1	-	3
	60分以下	0	1	2	-	1
及格率		100%	90%	80%	-	-

（b）

图 4-14 “学生成绩表”计算、统计和分析

（a）“学生成绩表”效果；（b）“成绩统计分析报表”效果

1. 创建“学生成绩表”和“成绩统计分析报表”

（1）启动 Excel 2007，完成基础表格设计。

1）输入表标题。选定 A1:G1 区域，在“开始”选项卡“对齐方式”组中，单击“合并后居中”命令，输入表标题“学生成绩表”；选定 I1:O1 区域，在“开始”选项卡“对齐方式”组中，单击“合并后居中”命令，输入表标题“成绩统计分析报表”；选定第 1 行，设置字符格式为宋体、16 磅、加粗。

2）输入表头。在 A2、B2、…、O2 单元格依次输入“学号”、“姓名”…“项目”、“平均分”，其中 I2：J2 设置合并后居中，输入“项目”；选定第 2 行，设置字符格式为宋体、14 磅、加粗、居中。

3）输入表格内容。在 A3:O12 区域输入表格内容，其中 I3:J3、I4:J4、I5:J5 区域分别进行合并后居中操作，依次输入“最高分”、“最低分”和“平均分”；I6:I11 进行合并后居中操作，输入“分段统计”；选定 A3:O12 区域，设置字符格式为宋体、12 磅、居中。

提示：输入“分段统计”时，为保证文字竖向排列，可右击该单元格，从弹出的快捷菜单中选择“设置单元格格式”命令，打开“设置单元格格式”对话框，在“对齐”选项卡中，选中“文本控制”中的“自动换行”和“合并单元格”复选框。用户也可以在输入文字后按“Alt+Enter”组合键实现上述操作。

4）添加网格线。分别选定“学生成绩表”位于的 A2:G12 区域和 “成绩统计分析报表”位于的 I2:O12 区域。在“开始”选项卡“字体”组中，单击“边框”命令右侧箭头，从列表中选择“所有框线”命令，创建表格效果如图 4-15 所示。

5）设置行高和列宽。将光标移动到 1 与 2 行之间，当指针变为“✛”形状时，拖动鼠标调整标题行高度为 30（40 像素），如图 4-16（a）所示；选定 2 至 12 行，右击鼠标，从弹出

的快捷菜单中选择“行高”命令，打开“行高”对话框，输入“18”，单击“确定”按钮，如图 4-16（b）所示。同样操作，拖动鼠标分别调整“学号”、“项目”列宽为合适值，其余各列宽度设置为“10”。

	A	B	C	D	E	F	G	H	I	J	K	L	M	N	O
1			学生成绩表							成绩统计分析报表					
2	学号	姓名	语文	数学	英语	总分	平均分		项目		语文	数学	英语	总分	平均分
3	1	王力力							最高分						
4	2	张晓红							最低分						
5	3	赵云霞							平均分						
6	4	李琳琳							分段统计	100分					
7	5	周小莉								90-99分					
8	6	王洪强								80-89					
9	7	刘思雨								70-79分					
10	8	陈朝阳								60-69分					
11	9	孙维信								60分以下					
12	10	郑晓晓							及格率						

图 4-15　创建表格效果

（a）　（b）

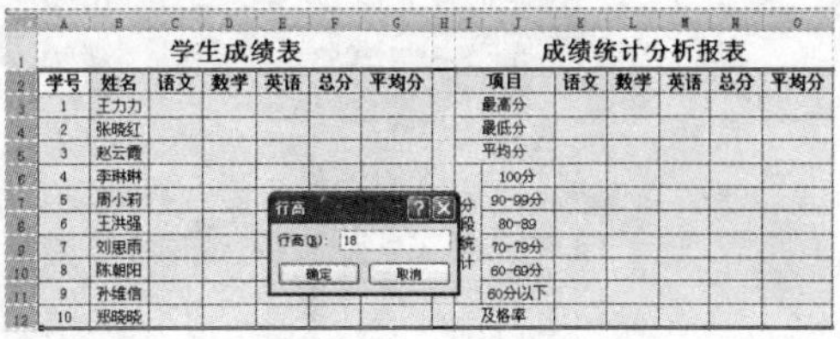

图 4-16　设置行高和列宽

（a）调整行高；（b）设置行高

（2）按图 4-14（a）所示“学生成绩表”输入 10 名学生的语文、数学、英语成绩。

2. 输入公式计算“学生成绩表”中的总分和平均分

（1）计算总分。选定 F3 单元格，输入“=C3+D3+E3”，输入完毕，单击“编辑栏”上“输入”按钮✓或按“Enter”键，则 F3 单元格自动计算结果为“203”，如图 4-17（a）所示。

（2）计算平均分。选定 G3 单元格，输入“=F3/3”，输入完毕，单击“编辑栏”上“输入”按钮✓或按“Enter”键，则 F3 单元格自动计算结果为“68”，如图 4-17（b）所示。

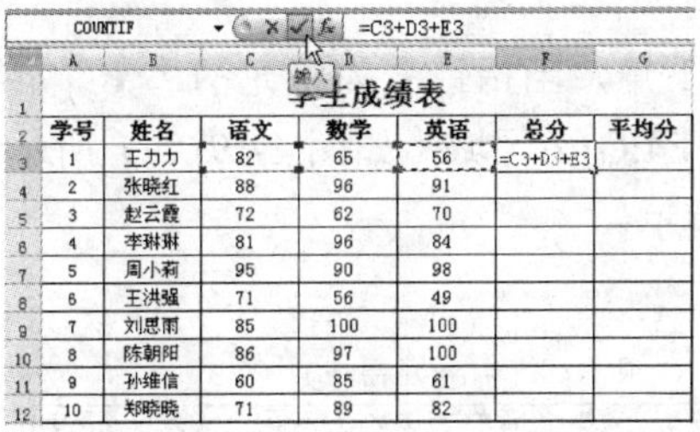

（a） 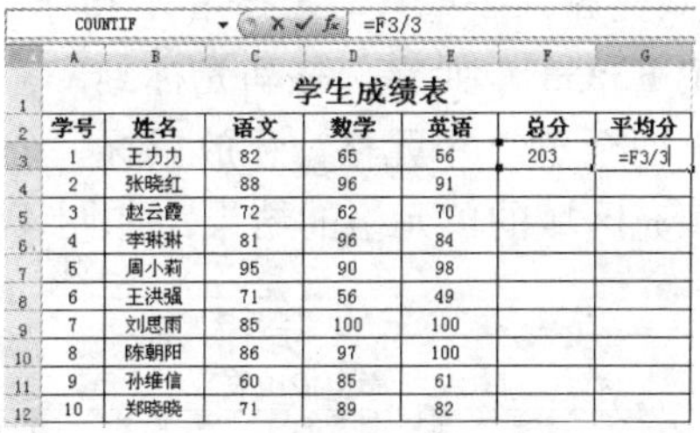　（b）

图 4-17　输入公式计算

（a）求总分；（b）求平均分

提示：在输入公式时，对于单元格的引用可以在编辑栏中直接输入单元格的地址（如输入“C3”），也可以单击单元格（如“C3”单元格），则单元格的地址（如“C3”）自动添加到“编辑栏”上。

3. 应用函数计算“学生成绩表”中的总分和平均分

（1）计算总分。选定 F3 单元格，在“公式”选项卡“函数库”组中，单击“自动求和”命令Σ，从列表中选择“求和”命令，则公式添加到“编辑栏”和选定的单元格 F3 上，同时，呈反白显示引用地址，并以虚线框选中引用区域，拖动鼠标可以重新选择参与计算的单元格，单击编辑栏上“输入”按钮✓或按“Enter”键，则 F3 单元格自动计算结果为“203”，如图 4-18（a）所示。

（2）计算平均分。选定 G3 单元格，在“公式”选项卡“函数库”组中，单击“自动求和”命令Σ右侧或下方箭头，从列表中选择“平均值”命令，按步骤 3 中的（1）操作方法，计算 G3 单元格的值，如图 4-18（b）所示。

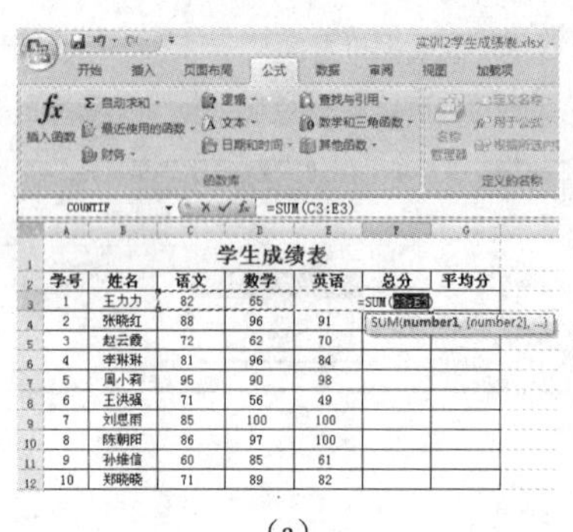

（a）

（b）

图 4-18 应用函数计算

（a）函数求总分；（b）函数求平均分

提示：此外，“开始”选项卡“编辑”组中也提供了“自动求和”命令Σ。右击状态栏，弹出的快捷菜单中也提供了求和、平均值、计数、最大值、最小值等常用的计算和统计命令，可以方便用户操作。

4. 填充输入公式计算总分和平均分

选定 F3:G3 单元格，移动光标到 G3 单元格右下角，当指针变为填充柄“✚”形状时，拖动填充柄至 G12 单元格，释放鼠标，公式填充到 F4:G12 区域，如图 4-19（a）所示。自动计算出填充区域的单元格的结果，如图 4-19（b）所示。

F3 =C3+D3+E3

学生成绩表

学号	姓名	语文	数学	英语	总分	平均分
1	王力力	82	65	56	203	68
2	张晓红	88	96	91		
3	赵云霞	72	62	70		
4	李琳琳	81	96	84		
5	周小莉	95	90	98		
6	王洪强	71	56	49		
7	刘思雨	85	100	100		
8	陈朝阳	86	97	100		
9	孙维信	60	85	61		
10	郑晓晓	71	89	82		

（a）

F3 =C3+D3+E3

学生成绩表

学号	姓名	语文	数学	英语	总分	平均分
1	王力力	82	65	56	203	68
2	张晓红	88	96	91	275	92
3	赵云霞	72	62	70	204	68
4	李琳琳	81	96	84	261	87
5	周小莉	95	90	98	283	94
6	王洪强	71	56	49	176	59
7	刘思雨	85	100	100	285	95
8	陈朝阳	86	97	100	283	94
9	孙维信	60	85	61	206	69
10	郑晓晓	71	89	82	242	81

（b）

图 4-19 填充输入公式

（a）公式填充；（b）填充结果

提示：在公式中引用的单元格包括相对引用和绝对引用（在地址前加符号$），在填充输入公式时，采用相对引用系统能够根据目标位置自动调整单元格引用，即公式随着所在单元格位置的改变而改变（如步骤 2-3 中的操作），采用绝对引用系统不会随着目标位置的变化而调整单元格的引用。

5. 应用 MAX、MIN 和 AVERAGE 函数统计最高分、最低分和平均分

（1）统计语文成绩中的最高分。操作步骤如下：

1）选定 K3 单元格，在“公式”选项卡“函数库”组中，单击“插入函数”命令 *fx*，打开“插入函数”对话框，选择函数类别为“统计”，从“选择函数”列表中选择最大值函数（“MAX”），如图 4-20（a）所示。

2）单击“确定”按钮，打开“函数参数”对话框，在“Number1”文本框中输入“C3:C12”，或单击“选定范围”按钮，拖动鼠标选定单元格范围，如图 4-20（b）所示。

3）单击“确定”按钮，从选定的单元格区域中，统计出最大值为“95”，显示在 K3 单元格中，如图 4-20（c）所示。

（2）选定 K3 单元格，移动光标到右下角，当指针变为填充柄“✚”形状时，拖动填充柄至 O3 单元格，利用公式填充统计出数学、英语、总分、平均分中的最高分。

（3）按步骤（1）～（2），应用最小值函数（“MIN”）、平均值函数（“AVERAGE”），分别统计语文、数学、英语、总分、平均分中的最低分和平均分，统计结果如图 4-20（d）所示。

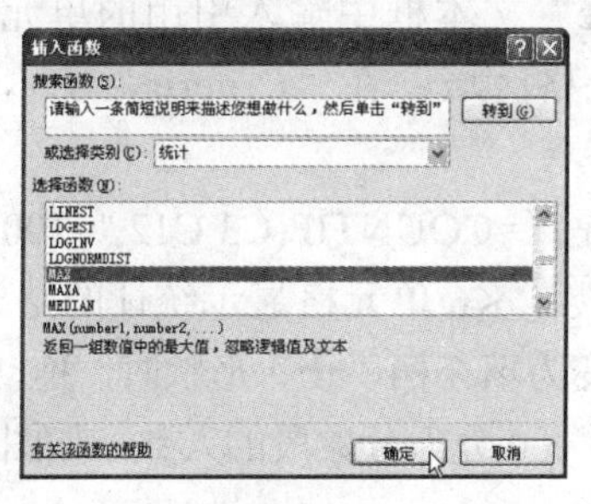

（a）

（b）

K3　=MAX(C3:C12)

项目	语文	数学	英语	总分	平均分
最高分	95				
最低分					
平均分					
分段统计 100分					
90-99分					
80-89					
70-79分					
60-69分					
60分以下					
及格率					

（c）

O5　=AVERAGE(G3:G12)

项目	语文	数学	英语	总分	平均分
最高分	95	100	100	285	95
最低分	60	56	49	176	59
平均分	79	83	79	242	81
分段统计 100分					
90-99分					
80-89					
70-79分					
60-69分					
60分以下					
及格率					

（d）

图 4-20　统计最高分、最低分和平均分

（a）“插入函数”对话框；（b）“函数参数”对话框；（c）统计最高分；（d）统计结果

6. 应用 COUNTIF 函数实现按分数段统计人数

（1）统计“100 分”的人数。操作步骤如下：

1）选定 K6 单元格，在“公式”选项卡“函数库”组中，单击“其他函数”命令，选

择“统计”→“COUNTIF”命令，如图 4-21（a）所示。

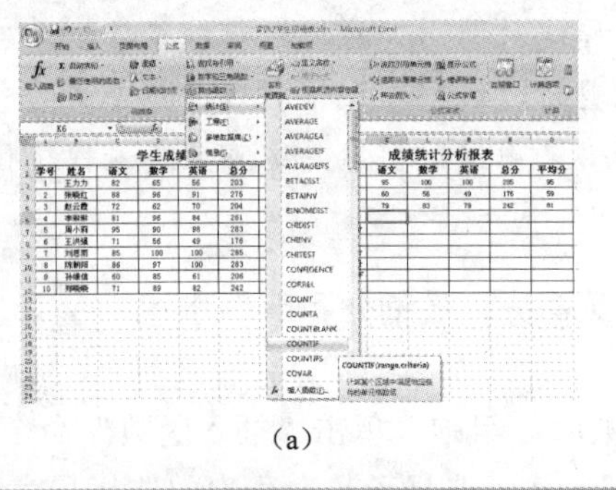

（a）

函数参数

COUNTIF

Range　C3:C12　= {82;88;72;81;95;71;65;86;60;71

Criteria　=100　=

=

计算某个区域中满足给定条件的单元格数目

Criteria　以数字、表达式或文本形式定义的条件

计算结果 =

有关该函数的帮助(H)　确定　取消

（b）

K6　=COUNTIF(C3:C12,"=100")

	项目	语文	数学	英语	总分	平均分
	最高分	95	100	100	285	95
	最低分	60	56	49	176	59
	平均分	79	83	79	242	81
分段统计	100分	0	1	2	-	0
	90-99分					
	80-89					
	70-79分					
	60-69分					
	60分以下					
	及格率					

（c）

O11　=COUNTIF(G3:G12,"<60")

	项目	语文	数学	英语	总分	平均分
	最高分	95	100	100	285	95
	最低分	60	56	49	176	59
	平均分	79	83	79	242	81
分段统计	100分	0	1	2	-	0
	90-99分	1	4	2	-	4
	80-89	5	2	2	-	2
	70-79分	3	0	1	-	0
	60-69分	1	2	1	-	3
	60分以下	0	1	2	-	1
	及格率				-	

（d）

图 4-21　统计各分数段人数

（a）选择函数；（b）输入参数；（c）统计“100 分”分数段人数；（d）统计结果

2）在打开的“函数参数”对话框中，在“Range”文本框中输入引用的单元格区域地址“C3:C12”，或单击“选定范围”按钮选定单元格区域；在“Criteria”文本框中输入条件“=100”，如图 4-21（b）所示。

3）单击“确定”按钮，“编辑栏”中显示的公式是“=COUNTIF(C3:C12,"=100")”，含义是统计“C3:C12”单元格区域中值为 100 的单元格个数，K6 单元格显示统计的结果为“0”。

4）选定 K6 单元格，移动光标到右下角，当指针变为填充柄“✚”形状时，拖动填充柄至 O6 单元格，利用公式填充统计数学、英语和平均分中“100 分”分数段的人数，如图 4-21（c）所示。

（2）统计其他分数段人数的步骤，以统计语文成绩中“90-99 分”分数段人数为例。操作步骤如下：

1）选定 K7 单元格。

2）在“公式”选项卡“函数库”组中，单击“其他函数”命令，选择“统计”→“COUNTIF”命令，打开“函数参数”对话框，在“Range”文本框中输入单元格区域地址“C3:C12”，或单击“选定范围”按钮选定单元格区域；在“Criteria”文本框中输入条件(“>=90”)，即统计 90 分以上的人数。

3）在“编辑栏”上编辑公式，输入减号“—”。

4）按步骤 2）操作方法，选择“COUNTIF”命令，打开“函数参数”对话框，在“Range”文本框中输入引用的单元格区域地址“C3:C12”，或单击“选定范围”按钮选定单元格区域；在“Criteria”文本框中输入条件“=100”，即统计 100 分以上的人数。

5）“编辑栏”中显示的公式是“=COUNTIF(C3:C12,">=90")−COUNTIF(C3:C12,"=100")”，

含义是统计“C3:C12”单元格区域中，大于等于 90 的单元格个数与小于 100 的单元格个数的差值，即 90～99 之间的单元格个数，单击编辑栏上“输入”按钮✔或按“Enter”键，K7 单元格中显示统计的结果。

6）应用填充柄填充输入统计其他科目“90-99 分”分数段人数。

（3）按步骤（2）操作方法统计各科成绩中各分数段的人数，结果如图 4-21（d）所示。

说明：COUNTIF 函数的功能是统计选定区域中满足单个指定条件的单元格个数，基本格式为 COUNTIF（Range，Criteria），Range 是指要对其进行计数的一个或多个单元格，其中可以包括数字或名称、数组或包含数字的引用，空值和文本值将被忽略。Criteria 是定义计数的数字、表达式、单元格引用或文本字符串，即条件（如“>=60”，“=100”等）。

7. 编辑公式计算及格率

（1）选定 K12 单元格，输入公式“=SUM(K6:K10)/SUM(K6:K11)”，即及格率=语文成绩中 60 分以上人数/总人数，按“Enter”键，如图 4-22（a）所示。

（2）按步骤（1）计算数学、英语和平均分的及格率。

（3）选定 K12: O12 区域，在“开始”选项卡“数字”组中，单击“百分比样式”命令%，则及格率以百分数格式显示，如图 4-22（b）所示。

提示：在 Excel 2007 中提供了 COUNT 函数，用于统计选定单元格区域中包含数字的单元格个数，统计总人数就可以使用 COUNT（A3:A12）。

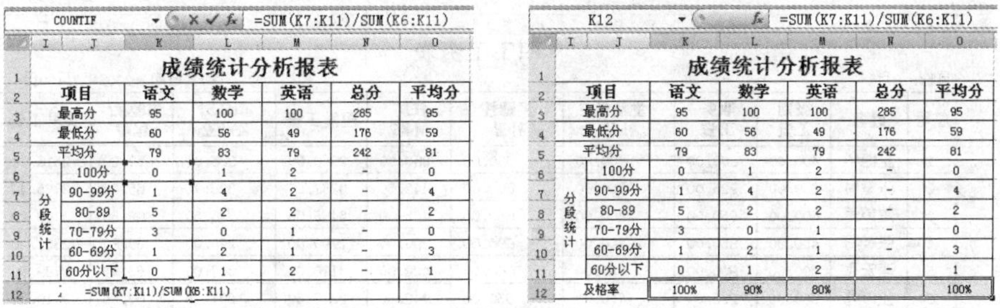

COUNTIF　=SUM(K7:K11)/SUM(K6:K11)

成绩统计分析报表

项目		语文	数学	英语	总分	平均分
最高分		95	100	100	285	95
最低分		60	56	49	176	59
平均分		79	83	79	242	81
分段统计	100分	0	1	2	-	0
	90-99分	1	4	2	-	4
	80-89	5	2	2	-	2
	70-79分	3	0	1	-	0
	60-69分	1	2	1	-	3
	60分以下	0	1	2	-	1
=SUM(K7:K11)/SUM(K6:K11)						

（a）

K12　=SUM(K7:K11)/SUM(K6:K11)

成绩统计分析报表

项目		语文	数学	英语	总分	平均分
最高分		95	100	100	285	95
最低分		60	56	49	176	59
平均分		79	83	79	242	81
分段统计	100分	0	1	2	-	0
	90-99分	1	4	2	-	4
	80-89	5	2	2	-	2
	70-79分	3	0	1	-	0
	60-69分	1	2	1	-	3
	60分以下	0	1	2	-	1
及格率		100%	90%	80%		100%

（b）

图 4-22　计算及格率

（a）编辑公式求及格率；（b）设置及格率单元格数据格式

说明：输入公式后，用户可以对公式进行修改。方法 1：在“编辑栏”中修改公式，直接输入即可。方法 2：在工作表中修改公式，选定需要修改公式的单元格，单击“编辑栏”中的公式，则工作表中选定区域以高亮蓝框显示，拖动边框到目标位置释放鼠标，或单击要选定的单元格。

【实践与提高】

（1）用 Excel 2007 创建“产品销售情况统计报表”，效果如图 4-23 所示。要求：

	A	B	C	D	E	F	G	H	I
1	产品销售情况统计报表								
2	年份：2008年上半年								单位:万元
3	地域	一月	二月	三月	四月	五月	六月	总计	平均
4	华中	2010.00	2230.00	2100.00	2070.00	2089.00	1760.00	12259.00	2043.17
5	华北	1980.00	1870.00	1950.00	1988.00	1850.00	2220.00	11858.00	1976.33
6	东北	1870.00	1650.00	1760.00	1950.00	1880.00	1650.00	10760.00	1793.33
7	西南	2100.00	2090.00	1990.00	1890.00	1950.00	1700.00	11720.00	1953.33
8	西北	2110.00	2410.00	2050.00	1990.00	2100.00	2230.00	12890.00	2148.33
9	总计	10070.00	10250.00	9850.00	9888.00	9869.00	9560.00	59487.00	9914.50

图 4-23 “产品销售情况统计报表”效果

1）标题：设置 A1:I1 合并后居中，字符格式为黑体、18 磅，行高 25 像素。

2）副标题：设置 A2:I2 合并后居中，字符格式为宋体、12 磅，行高 20 像素。

3）表内：字符格式为宋体、12 磅，字符居中，数字右对齐，行高 20 像素。

4）表格：A 列宽 8，其余各列宽度为 10，表格加网格线。

5）输入 B4:G8 单元格数据，计算总计和平均。

（2）用 Excel 2007 创建“职工工资表”，效果如图 4-24 所示。要求：

1）标题：设置 A1:K1 合并后居中，字符格式为黑体、18 磅，行高 25 像素。

2）副标题：设置 A2:K2 合并后居中，字符格式为宋体、12 磅，行高 20 像素。

3）表头：字符格式设置为宋体、12 磅、加粗、居中。

4）表内：字符格式设置为宋体、12 磅，文字居中，数字右对齐、保留 2 位小数。

5）输入 C4:F9 单元格数据，计算和统计其他数据。（其中，住房补贴＝（级别工资+职务工资）×0.3，扣住房公积金＝应发工资×0.1，扣医疗保险=应发工资×0.02。）

	A	B	C	D	E	F	G	H	I	J	K
1	职工工资表										
2	月份：8月									制表日期：2008年7月30日	
3	序号	姓名	级别工资	职务工资	生活性补贴	奖励性补贴	住房补贴	应发工资	扣住房公积金	扣医疗保险	实发工资
4	1	王德华	400.00	800.00	700.00	600.00	360.00	2860.00	286.00	57.20	2516.80
5	2	张慧琳	550.00	925.00	750.00	600.00	442.50	3267.50	326.75	65.35	2875.40
6	3	陈思雨	600.00	950.00	800.00	650.00	465.00	3465.00	346.50	69.30	3049.20
7	4	张晓同	450.00	850.00	700.00	600.00	390.00	2990.00	299.00	59.80	2631.20
8	5	李宏飞	500.00	900.00	750.00	600.00	420.00	3170.00	317.00	63.40	2789.60
9	6	王一凡	550.00	925.00	750.00	650.00	442.50	3317.50	331.75	66.35	2919.40
10	工资总额							19070.00	—	—	16781.60
11	平均工资							3178.33	—	—	2796.93
12	最高工资							3465.00	—	—	3049.20
13	最低工资							2860.00	—	—	2516.80
14	总人数							6	—	—	—

图 4-24 “职工工资表”效果

实训 4.3 Excel 2007 中数据管理操作

【知识要点】

排序；筛选；分类汇总；合并计算；数据透视表；数据透视图。

【实训目的与要求】

（1）掌握工作表中数据排序、筛选的方法。

（2）掌握工作表中数据分类、汇总的操作方法。

（3）了解数据透视表、透视图在数据管理中的应用。

【实训内容与步骤】

用 Excel 2007 制作“教师信息一览表”，利用数据管理功能实现对“教师信息一览表”中数据的排序、筛选和统计汇总等操作，基础表格及部分功能实现效果如图 4-25 所示。

教师信息一览表

编号	姓名	部门	职务	职称	身份证号码	性别	出生日期	年龄	参加工作	教龄	专业	学历	学位
001	张**	计算机系	主任	教授	21****580109201	男	1958-1-9	51	1981-9-1	27	应用数学	本科	学士
002	赵**	机电系		副教授	21****600421202	女	1960-4-21	48	1983-8-1	25	机械制造	本科	硕士
003	王**	经济系	主任	副教授	21****197007252021	女	1970-7-25	38	1992-9-1	16	会计	研究生	硕士
004	李**	计算机系		讲师	21****197908222052	男	1979-8-22	29	2001-9-1	7	计算机应用	本科	学士
005	韩**	计算机系		副教授	21****197301121078	男	1973-1-12	36	1995-9-1	13	计算机应用	研究生	硕士
006	许**	机电系	主任	副教授	21****195803121016	男	1958-3-12	51	1980-9-1	28	机械制造	本科	学士
007	郭**	机电系		讲师	21****197803152036	男	1978-3-15	31	1999-9-1	9	金属材料	研究生	硕士
008	孙**	经济系		讲师	21****197507182023	女	1975-7-18	33	1998-9-1	10	外经外贸	本科	硕士
009	吴**	计算机系		讲师	21****198002012024	女	1980-2-1	29	2004-9-1	4	计算机网络	研究生	博士
010	于**	机电系		讲师	21****196203022013	男	1962-3-2	47	1985-9-1	23	机械制造	本科	学士

（a）

教师信息一览表

编号	姓名	部门	职务	职称	身份证号码	性别	出生日期	年龄	参加工作时间	教龄	专业	学历	学位
001	张**	计算机系	主任	教授	21****580109201	男	1958-1-9	51	1981-9-1	27	应用数学	本科	学士
005	韩**	计算机系		副教授	21****197301121078	男	1973-1-12	36	1995-9-1	13	计算机应用	研究生	硕士
004	李**	计算机系		讲师	21****197908222052	男	1979-8-22	29	2001-9-1	7	计算机应用	本科	学士
009	吴**	计算机系		讲师	21****198002012024	女	1980-2-1	29	2004-9-1	4	计算机网络	研究生	博士
006	许**	机电系	主任	副教授	21****195803121016	男	1958-3-12	51	1980-9-1	28	机械制造	本科	学士
002	赵**	机电系		副教授	21****600421202	女	1960-4-21	48	1983-8-1	25	机械制造	本科	硕士
007	郭**	机电系		讲师	21****197803152036	男	1978-3-15	31	1999-9-1	9	金属材料	研究生	硕士
010	于**	机电系		讲师	21****196203022013	男	1962-3-2	47	1985-9-1	23	机械制造	本科	学士
003	王**	经济系	主任	副教授	21****197007252021	女	1970-7-25	38	1992-9-1	16	会计	研究生	硕士
008	孙**	经济系		讲师	21****197507182023	女	1975-7-18	33	1998-9-1	10	外经外贸	本科	硕士

（b）

教师信息一览表

编	姓名	部门	职	职	身份证号码	性	出生日	年	参加工作时	教	专业	学	学
003	王**	经济系	主任	副教授	21****197007252021	女	1970-7-25	38	1992-9-1	16	会计	研究生	硕士
005	韩**	计算机系		副教授	21****197301121078	男	1973-1-12	36	1995-9-1	13	计算机应用	研究生	硕士

（c）

图 4-25 “教师信息一览表”效果

（a）“教师信息一览表”效果；（b）按部门、职务和职称排序后效果；
（c）筛选具有教授、副教授职称，40 岁以下教师效果

1. 创建“教师信息一览表”

启动 Excel 2007，完成基础表格设计。

1）输入表标题。选定 A1:N1 区域，在“开始”选项卡“对齐方式”组中，单击“合并后居中”命令，输入表标题“教师信息一览表”。

2）输入表头。在 A2、B2、…、N2 单元格依次输入“编号”、“姓名”、…、“学位”。

3）添加网格线。选定 A2:N12 单元格区域，在“开始”选项卡“字体”组中，单击“边框”命令右侧箭头，从列表中选择“所有框线”命令。

4）设置字符格式。选定表标题（第 1 行）设置为宋体、16 磅、加粗、居中；选定表头（第 2 行），设置为宋体、12 磅、加粗、居中。

5）调整行高和列宽。将光标移动到 1 与 2 行之间，当光标变为“✚”形状时，拖动鼠标调整标题行高为 20；选定 2～12 行，同样操作调整各行高度为“18”。将光标定位到两列之间，双击鼠标，调整各列宽为合适值。创建的“教师信息一览表”如图 4-26 所示。

	A	B	C	D	E	F	G	H	I	J	K	L	M	N
1	教师信息一览表													
2	编号	姓名	部门	职务	职称	身份证号码	性别	出生日期	年龄	参加工作时间	教龄	专业	学历	学位
3														
4														
5														
6														
7														
8														
9														
10														
11														
12														

图 4-26　基础表格设计

2. 输入教师信息

（1）设置表格数据类型。按下“Ctrl”键，依次单击 A、B、C、D、E、F、G、L、M、N 列标，选定多列，在“开始”选项卡“字体”组中，单击对话框启动器，打开“设置单元格格式”对话框，选定“数字”选项卡，设置数据类型为“文本”，如图 4-27（a）所示。同样操作设置 I、K 列数据类型为“数值”，如图 4-27（b）所示，设置 H、J 列数据类型为“日期”，如图 4-27（c）所示。

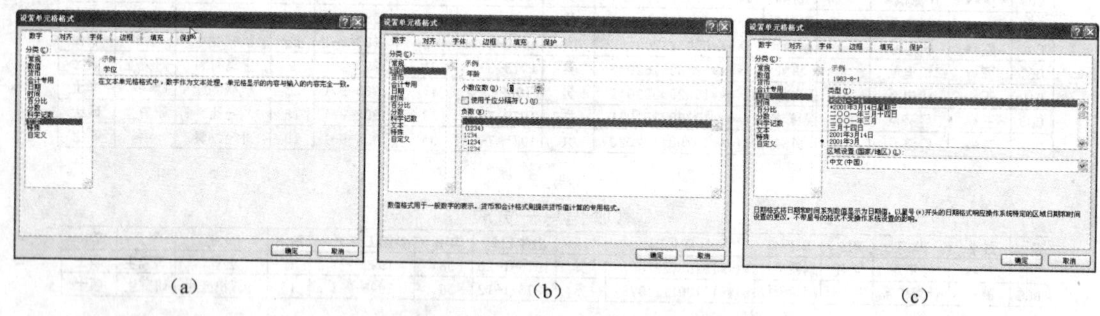

（a）　　（b）　　（c）

图 4-27　“设置单元格格式”对话框

（a）设置文本类型；（b）设置数值类型；（c）设置日期类型

（2）直接输入数据。按图 4-25（a）提供的数据输入教师编号、姓名、部门、职务、职称、身份证号、参加工作时间、专业、学历和学位等信息。

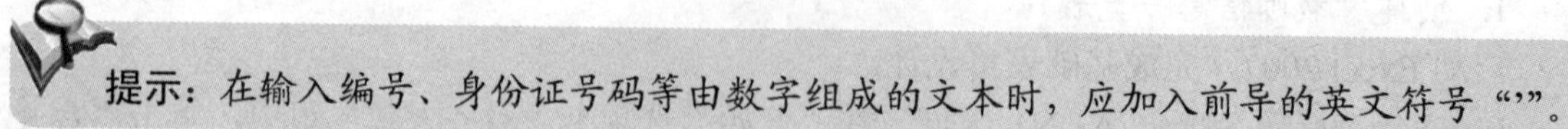

提示：在输入编号、身份证号码等由数字组成的文本时，应加入前导的英文符号“'”。

（3）自动输入。在“教师信息一览表”中，教师信息记录中的性别、出生日期、年龄与身份证号码有一定的联系，可以通过函数计算自动生成，避免了数据的重复录入，提高录入的速度和准确性。

1）编辑计算性别（G3 单元格）的公式。

“=IF(MOD(IF(LEN(F3)=15,MID(F3,15,1),MID(F3,17,1)),2)=1,"男","女")”，含义是判断身份证号码长度是否为 15 位，若是从第 15 位起取 1 位，否则,从第 17 位起取 1 位，除以

2 取余数，若为奇数性别为“男”，否则性别为“女”。

2）编辑计算出生日期（H3 单元格）的公式。

“ =IF(LEN(F3)=15,DATE(MID(F3,7,2),MID(F3,9,2),MID(F3,11,2)),DATE(MID(F3,7,4), MID(F3,11,2) ,MID(F3,13,2)))”，含义是根据身份证号码的长度，若为 15 位，则从第 7 位取 2 位作为年，否则取 4 位作为年，依次取 2 位作为月，再取 2 位作为日，将其转化为日期格式显示。

3）编辑计算年龄/教龄（I3/K3 单元格）的公式

“=(YEAR(TODAY())-YEAR(H3/J3))”,含义是计算当前日期与出生日期（或参加工作时间）之间年份的差值。

（4）填充输入。当输入第一条记录的编号“’001”后，拖动填充柄采用序列填充输入其他编号；按步骤 3）设置完成第一条记录性别、出生日期、年龄和教龄自动输入公式后，拖动填充柄通过公式填充输入完成其余记录数据的输入，示意如图 4-28 所示。

教师信息一览表

编号	姓名	部门	职务	职称	身份证号码	性别	出生日期	年龄	参加工作时间	教龄	专业	学历	学位
001	[illegible]**	计算机系	主任	教授	21****580109201	男	1958-1-9	51	1981-9-1	27			
		机电系		副教授	21****600421202				1983-8-1				
		经济系	主任	副教授	21****197007252021				1992-9-1				
		计算机系		讲师	21****197908222052				2001-9-1				
		计算机系		副教授	21****197301121078				1995-9-1				
		机电系	主任	副教授	21****195803121016				1980-9-1				
		机电系		讲师	21****197803152036				1999-9-1				
		经济系		讲师	21****197507182023				1998-9-1				
		计算机系		讲师	21****198002012024				2004-9-1				
		机电系		讲师	21****196203022013				1985-9-1				

010

图 4-28　填充输入示意

3. 教师信息记录的排序

（1）按年龄降序排序。选定工作表中年龄列中的一个单元格（如 I3 单元格），在“数据”选项卡“排序和筛选”组中，单击“降序”命令 Z↓A，将按年龄降序排列,效果如图 4-29 所示。

教师信息一览表

编号	姓名	部门	职务	职称	身份证号码	性别	出生日期	年龄	参加工作时间	教龄	专业	学历	学位
006	许**	机电系	主任	副教授	21****195803121016	男	1958-3-12	51	1980-9-1	28	机械制造	本科	学士
001	张**	计算机系	主任	教授	21****580109201	男	1958-1-9	51	1981-9-1	27	应用数学	本科	学士
002	赵**	机电系		副教授	21****600421202	女	1960-4-21	48	1983-8-1	25	机械制造	本科	硕士
010	于**	机电系		讲师	21****196203022013	男	1962-3-2	47	1985-9-1	23	机械制造	本科	学士
003	王**	经济系	主任	副教授	21****197007252021	女	1970-7-25	38	1992-9-1	16	会计	研究生	硕士
005	韩**	计算机系		副教授	21****197301121078	男	1973-1-12	36	1995-9-1	13	计算机应用	研究生	硕士
008	孙**	经济系		讲师	21****197507182023	女	1975-7-18	33	1998-9-1	10	外经外贸	本科	硕士
007	郭**	机电系		讲师	21****197803152036	男	1978-3-15	31	1999-9-1	9	金属材料	研究生	硕士
004	李**	计算机系		讲师	21****197908222052	男	1979-8-22	29	2001-9-1	7	计算机应用	本科	学士
009	吴**	计算机系		讲师	21****198002012024	女	1980-2-1	29	2004-9-1	4	计算机网络	研究生	博士

图 4-29　按年龄降序排序效果

（2）按姓氏笔画排序。

1）选定工作表中姓名列的一个单元格（如“B3”），在“数据”选项卡“排序和筛选”组中，单击“排序”命令，打开“排序”对话框，如图 4-30（a）所示。

2）单击“选项”按钮，打开“排序选项”对话框，设置排序方向为“按列排序”、方法为“笔画排序”，单击“确定”按钮，如图 4-30（b）所示。

3）返回到“排序”对话框，设置“主要关键字”为“姓名”、“排序依据”为“数值”列、“次序”为“升序”，单击“确定”按钮，则按姓氏笔画升序排序，效果如图 4-30（c）所示。

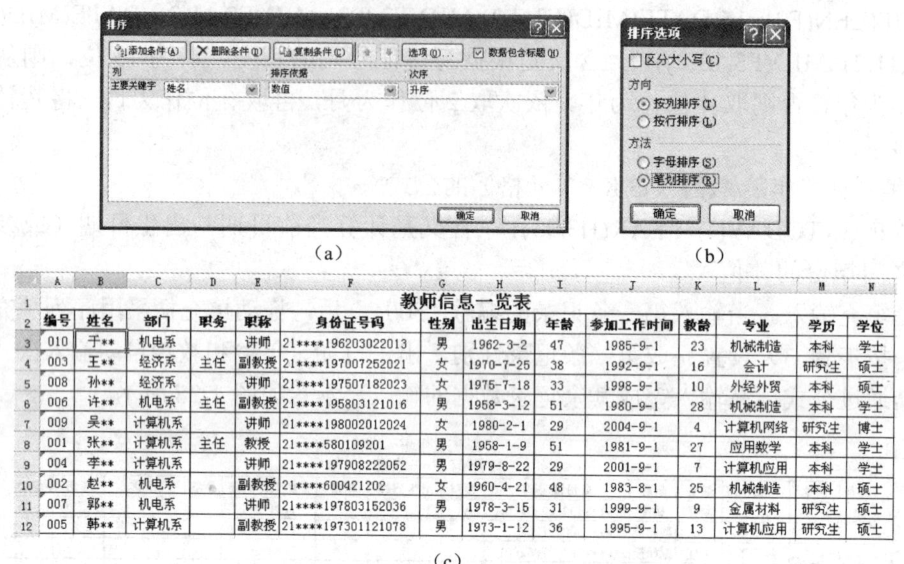

（a）　　　　（b）

编号	姓名	部门	职务	职称	身份证号码	性别	出生日期	年龄	参加工作时间	教龄	专业	学历	学位
010	于**	机电系		讲师	21****196203022013	男	1962-3-2	47	1985-9-1	23	机械制造	本科	学士
003	王**	经济系	主任	副教授	21****197007252021	女	1970-7-25	38	1992-9-1	16	会计	研究生	硕士
008	孙**	经济系		讲师	21****197507182023	女	1975-7-18	33	1998-9-1	10	外经外贸	本科	硕士
006	许**	机电系	主任	副教授	21****195803121016	男	1958-3-12	51	1980-9-1	28	机械制造	本科	学士
009	吴**	计算机系		讲师	21****198002012024	女	1980-2-1	29	2004-9-1	4	计算机网络	研究生	博士
001	张**	计算机系	主任	教授	21****580109201	男	1958-1-9	51	1981-9-1	27	应用数学	本科	学士
004	李**	计算机系		讲师	21****197908222052	男	1979-8-22	29	2001-9-1	7	计算机应用	本科	学士
002	赵**	机电系		副教授	21****600421202	女	1960-4-21	48	1983-8-1	25	机械制造	本科	硕士
007	郭**	机电系		讲师	21****197803152036	男	1978-3-15	31	1999-9-1	9	金属材料	研究生	硕士
005	韩**	计算机系		副教授	21****197301121078	男	1973-1-12	36	1995-9-1	13	计算机应用	研究生	硕士

（c）

图 4-30　按姓氏笔划排序效果

（a）“排序”对话框；（b）“排序选项”对话框；（c）排序后效果

（3）按部门、职务、职称和教龄 4 个条件组合排序。选定工作表内任一单元格，按步骤（2）操作，打开“排序”对话框，将“部门”设置为主要关键字，单击“添加条件”按钮，增加 3 个次要关键字，单击“确定”按钮，如图 4-31（a）所示，排序后效果如图 4-31（b）所示。

（a）

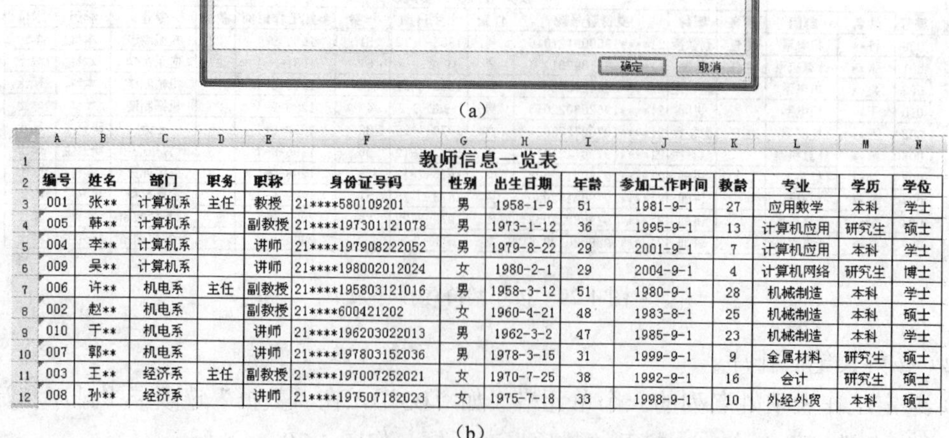

编号	姓名	部门	职务	职称	身份证号码	性别	出生日期	年龄	参加工作时间	教龄	专业	学历	学位
001	张**	计算机系	主任	教授	21****580109201	男	1958-1-9	51	1981-9-1	27	应用数学	本科	学士
005	韩**	计算机系		副教授	21****197301121078	男	1973-1-12	36	1995-9-1	13	计算机应用	研究生	硕士
004	李**	计算机系		讲师	21****197908222052	男	1979-8-22	29	2001-9-1	7	计算机应用	本科	学士
009	吴**	计算机系		讲师	21****198002012024	女	1980-2-1	29	2004-9-1	4	计算机网络	研究生	博士
006	许**	机电系	主任	副教授	21****195803121016	男	1958-3-12	51	1980-9-1	28	机械制造	本科	学士
002	赵**	机电系		副教授	21****600421202	女	1960-4-21	48	1983-8-1	25	机械制造	本科	硕士
010	于**	机电系		讲师	21****196203022013	男	1962-3-2	47	1985-9-1	23	机械制造	本科	学士
007	郭**	机电系		讲师	21****197803152036	男	1978-3-15	31	1999-9-1	9	金属材料	研究生	硕士
003	王**	经济系	主任	副教授	21****197007252021	女	1970-7-25	38	1992-9-1	16	会计	研究生	硕士
008	孙**	经济系		讲师	21****197507182023	女	1975-7-18	33	1998-9-1	10	外经外贸	本科	硕士

（b）

图 4-31　按部门、职务、职称和教龄 4 个条件组合排序

（a）“排序”对话框；（b）排序后效果

提示：在实现排序的操作过程中，如果选定的对象为一个区域，系统将打开“排序提醒”对话框，提示用户所选区域旁边还有数据，用户可以扩展选定区域，否则只对选定区域的数据进行排序，这将有可能影响数据的完整性，用户操作时要根据情况设置排序区域。

4. 教师信息记录的筛选

（1）自动筛选具有教授和副教授职称的教师。操作步骤如下：

1）选定 A2:N12 区域，在“数据”选项卡“排序和筛选”组中，单击“筛选”命令，则工作表中各列右侧添加了箭头按钮。

2）单击“职称”列箭头按钮，弹出快捷菜单，从“文本筛选”列表中选中“副教授”和“教授”复选框，对话框如图 4-32（a）所示，或选择“文本筛选”→“包含”命令，如图 4-32（b）所示，打开“自定义自动筛选方式”对话框，如图 4-32（c）所示，设置筛选条件，单击“确定”按钮，筛选后效果如图 4-32（d）所示。

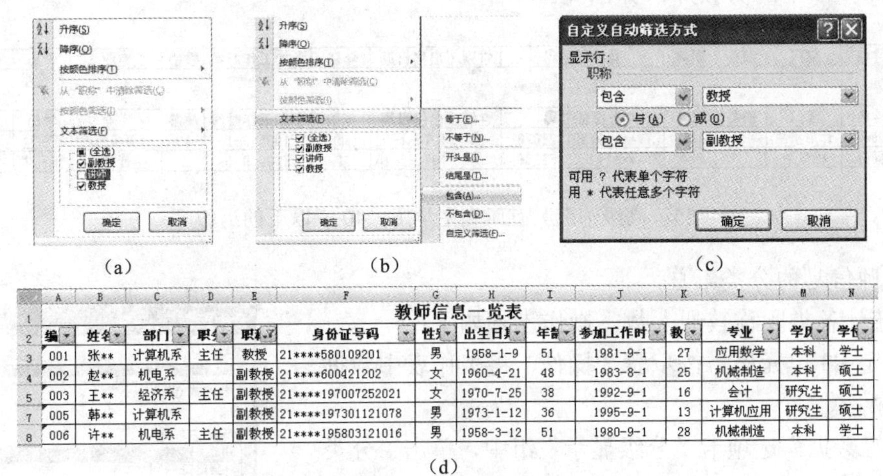

图 4-32　筛选具有教授或副教授职称的教师

（a）“排序”对话框；（b）选择“包含”命令；（c）“自定义自动筛选方式”对话框；（d）筛选后效果

提示：当工作表中数据处于筛选状态时，在“数据”选项卡“排序和筛选”组中，单击“筛选”命令，可取消筛选操作，显示全部记录。

（2）筛选具有教授、副教授职称，40 岁以下教师。在步骤（1）基础上，单击“年龄”右侧向下箭头，从弹出的快捷菜单中选择“数字筛选”→“小于”命令，打开“自定义自动筛选方式”对话框，设置筛选条件，如图 4-33 所示，单击“确定”按钮，筛选出具有教授、副教授职称，40 岁以下教师，效果如图 4-25（c）所示。

（3）应用高级筛选将 40 岁以下，具有研究生学历的男教师筛选出来，并且复制到工作表的下方。操作步骤如下：

1）选定工作表表头 A2:N2 单元格区域，将其复制到工作表下方 A15:N15 单元格区域。

2）设置筛选条件，G16 单元格输入“="男"”，I16 单元格输入“<40”，M16 单元格输入“="研究生"”。

3）在“数据”选项卡“排序和筛选”组中，单击“高级”命令，打开“高级筛选”对话框，设置筛选方式、列表区域、条件区域以及复制的位置，如图 4-34 所示。

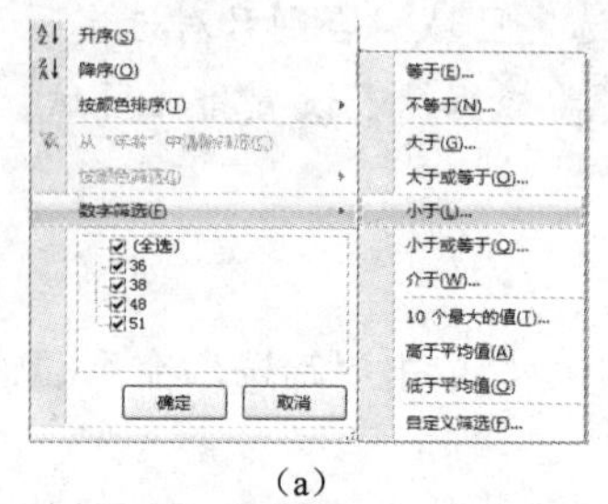

（a）

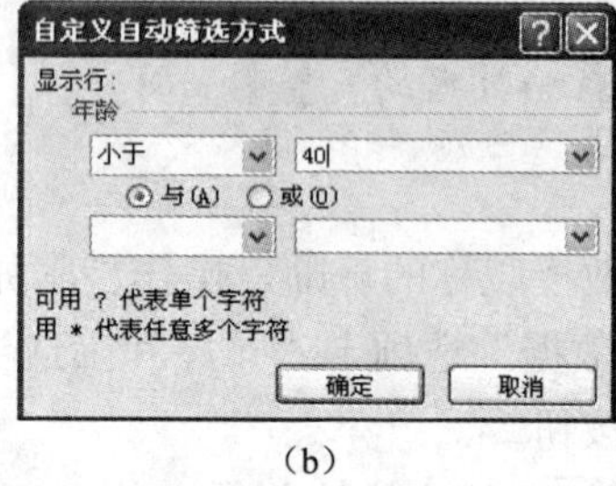

（b）

图 4-33　筛选具有教授、副教授以上职称，40 岁以下教师

（a）选择“小于”命令；（b）“自定义自动筛选方式”对话框

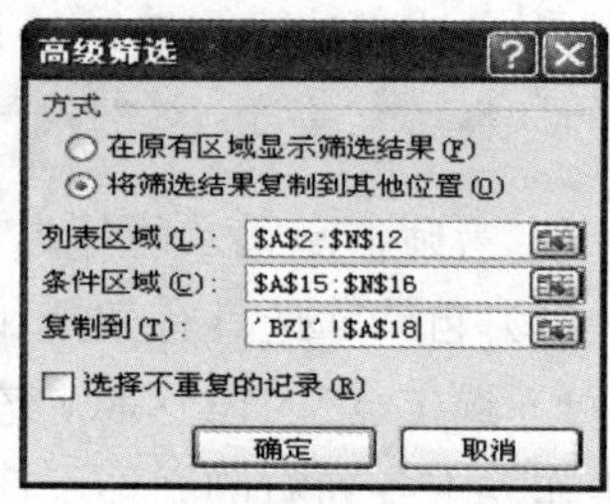

图 4-34　“高级筛选”对话框

4）单击“确定”按钮，符合条件记录被筛选出来并复制到指定区域，高级筛选具有研究生学历，40 岁以下的男教师，如图 4-35 所示。

15	编号	姓名	部门	职务	职称	身份证号码	性别	出生日期	年龄	参加工作时间	教龄	专业	学历	学位
16							男		<40				研究生	
17														
18	编号	姓名	部门	职务	职称	身份证号码	性别	出生日期	年龄	参加工作时间	教龄	专业	学历	学位
19	005	韩**	计算机系		副教授	21****197301121078	男	1973-1-12	36	1995-9-1	13	计算机应用	研究生	硕士
20	007	郭**	机电系		讲师	21****197803152036	男	1978-3-15	31	1999-9-1	9	金属材料	研究生	硕士

图 4-35　高级筛选具有研究生学历，40 岁以下的男教师

5. 教师信息的分类汇总

（1）统计各类职称教师人数。操作步骤如下：

1）选定 E3 单元格，按步骤 3 操作，将工作表中数据按职称排序。

2）在“数据”选项卡“分级显示”组中，单击“分类汇总”命令，打开“分类汇总”对话框。

3）设置分类字段为“职称”、汇总方式为“计数”、汇总项为“职称”，如图 4-36 所示。单击“确定”按钮，统计出各类职称教师人数，如图 4-37 所示。

（2）按步骤（1）操作，分别完成按性别、学历、学位统计操作，结果如图 4-38 所示。

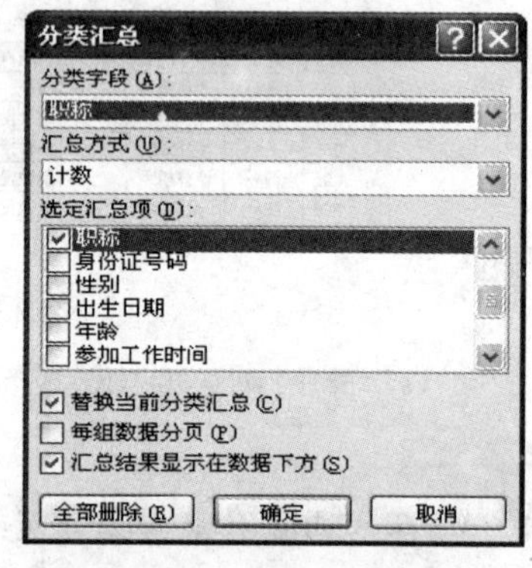

图 4-36　“分类汇总”对话框

	A	B	C	D	E	F	G	H	I	J	K	L	M	N
1	教师信息一览表													
2	编号	姓名	部门	职务	职称	身份证号码	性别	出生日期	年龄	参加工作时间	教龄	专业	学历	学位
4				教授 计数	1									
9				副教授 计数	4									
15				讲师 计数	5									
16				总计数	10									

图 4-37　统计各类职称教师人数

6. 应用透视表和透视图对教师信息进行分类汇总

（1）应用透视表对教师信息进行分类汇总。操作步骤如下：

注意：在进行分类汇总前要按分类汇总字段进行排序，否则将出现对一个分类汇总字段的多次汇总。

说明：分类汇总结果显示的方式有 3 种，按下左侧按钮“1”，只显示总计数；按下左侧按钮“2”，只显示分类汇总数，即图 4-37 所示状态；按下左侧按钮“3”，显示全部记录和各级汇总数。

	A	B	C	D	E	F	G	H	I	J	K	L	M	N
1	教师信息一览表													
2	编号	姓名	部门	职务	职称	身份证号码	性别	出生日期	年龄	参加工作时间	教龄	专业	学历	学位
9						男 计数	6							
14						女 计数	4							
15						总计数	10							

（a）

	A	B	C	D	E	F	G	H	I	J	K	L	M	N
1	教师信息一览表													
2	编号	姓名	部门	职务	职称	身份证号码	性别	出生日期	年龄	参加工作时间	教龄	专业	学历	学位
7												研究生 计数	4	
14												本科 计数	6	
15												总计数	10	

（b）

	A	B	C	D	E	F	G	H	I	J	K	L	M	N
1	教师信息一览表													
2	编号	姓名	部门	职务	职称	身份证号码	性别	出生日期	年龄	参加工作时间	教龄	专业	学历	学位
4													博士 计数	1
10													硕士 计数	5
15													学士 计数	4
16													总计数	10

（c）

图 4-38　按性别、学历和学位统计结果

（a）按性别统计教师人数；（b）按学历统计教师人数；（c）按学位统计教师人数

1）在“插入”选项卡“表”组中，单击“数据透视表”命令，打开“创建数据透视表”对话框，如图 4-39（a）所示，设置要分析的数据（“$A$2:$N$12”）和放置数据透视表的位置（“$L$17”），单击“确定”按钮。

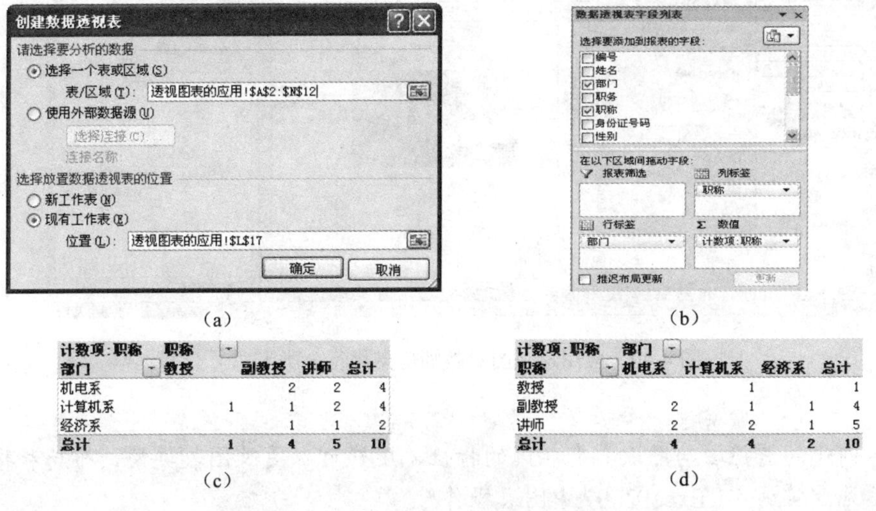

（a）　（b）

计数项:职称	职称			
部门	教授	副教授	讲师	总计
机电系		2	2	4
计算机系	1	1	2	4
经济系		1	1	2
总计	1	4	5	10

（c）

计数项:职称	部门			
职称	机电系	计算机系	经济系	总计
教授		1		1
副教授	2	1	1	4
讲师	2	2	1	5
总计	4	4	2	10

（d）

图 4-39　应用透视表对教师信息进行分类汇总

（a）“创建数据透视表”对话框；（b）“数据透视表字段列表”任务窗格；（c）按部门统计各类职称人数；（d）按职称统计各部门人数

2）在 Excel 窗口右侧打开的“数据透视表字段列表”任务窗格中，拖动“部门”字段将其添加到“行标签”列表，拖动“职称”字段将其添加到“列标签”列表，拖动“职称”字段将其添加到“Σ数值”列表，如图 4-39（b）所示，则在工作表中创建了数据透视表，实现按部门统计各类职称人数，如图 4-39（c）所示。

3）将“数据透视表字段列表”任务窗格中的“行标签”与“列标签”的对象互换，即将“行标签”修改为“职称”，将“列标签”修改为“部门”，实现按职称统计各部门人数，如图 4-39（d）所示。

提示：当分类汇总数据较多时，单击图中行标签或列标签上的箭头，可以对分类汇总的结果进行筛选，方便用户快速获取信息。

（2）应用透视图对教师信息进行分类汇总。操作步骤如下：

1）在“插入”选项卡“表”组中，单击“数据透视表”命令下方箭头，从下拉列表中选择“数据透视图”命令，打开“创建数据透视表及数据透视图”对话框。

2）按步骤（1）操作方法，设置数据和放置数据透视图的位置，单击“确定”按钮。

3）在 Excel 窗口右侧打开“数据透视表字段列表”任务窗格，同时打开“数据透视图筛选”窗格，分别将“职称”字段添加到“图例字段”和“Σ数值”列表中，在工作表中创建了图表，如图 4-40 所示。

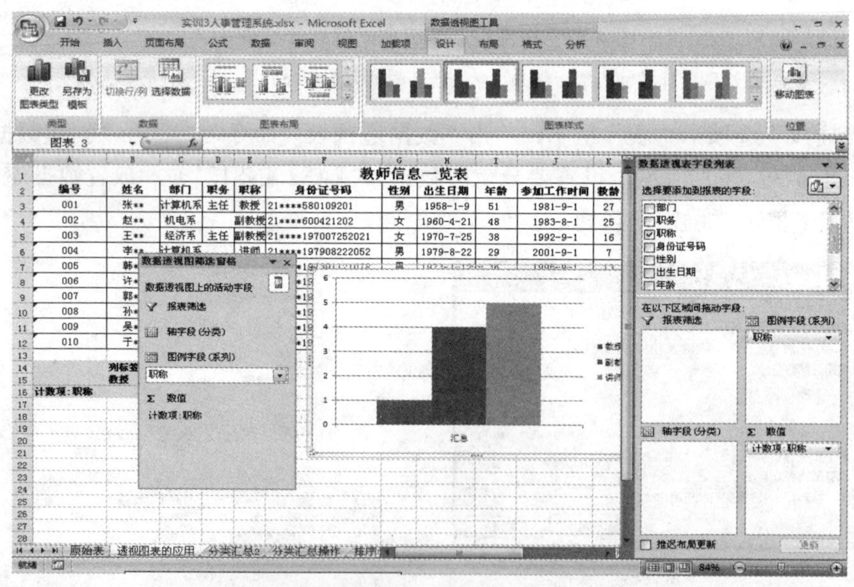

图 4-40　应用透视图对教师信息进行分类汇总

提示：创建的透视图与图表具有相同的特性，用户可以更改图表类型、布局和样式，具体操作参见“实训 4.1 Excel 2007 中图表操作”。

【实践与提高】

（1）用 Excel 2007 创建“2008 年降水情况一览表”，利用数据管理功能对其进行排序和筛选操作，效果如图 4-41 所示。要求：

1）表格：标题设置 A1:N1 合并后居中，字符格式为黑体、16 磅，行高 30；“单位”字符格式为楷体、12 磅；表内字符格式为宋体、12 磅，字符居中，数字右对齐；表内加网格线，行高为 30。

2）输入图 4-41（a）所示 B4:M6 单元格区域数据，计算年降水量和平均降水量。

3）按各城市年降水量降序排列，结果如图 4-41（b）所示。

4）筛选年降水量高于年平均降水量的城市，结果如图 4-41（c）所示。

	A	B	C	D	E	F	G	H	I	J	K	L	M	N	O
1	2008年降水情况一览表														
2															（单位：mm）
3	月份	1	2	3	4	5	6	7	8	9	10	11	12	年降水量	月平均降水量
4	A市	2.6	5.9	9.0	26.4	28.7	70.7	175.6	182.2	48.7	18.8	6.0	2.3	576.9	48.1
5	B市	44.0	62.6	78.1	106.0	122.9	158.9	134.2	126.0	150.5	50.1	48.9	40.9	1123.1	93.6
6	C市	17.2	22.0	19.8	54.2	25.9	34.0	87.1	114.0	23.7	51.5	30.1	24.8	504.3	42.0
7	平均降水量	16.2	23.1	27.5	47.7	45.6	67.4	101.0	107.6	58.0	32.6	24.0	20.0	734.8	47.5

（a）

	A	B	C	D	E	F	G	H	I	J	K	L	M	N	O
1	2008年降水情况一览表														
2															（单位：mm）
3	月份	1	2	3	4	5	6	7	8	9	10	11	12	年降水量	月平均降水量
4	B市	44.0	62.6	78.1	106.0	122.9	158.9	134.2	126.0	150.5	50.1	48.9	40.9	1123.1	93.6
5	A市	2.6	5.9	9.0	26.4	28.7	70.7	175.6	182.2	48.7	18.8	6.0	2.3	576.9	48.1
6	C市	17.2	22.0	19.8	54.2	25.9	34.0	87.1	114.0	23.7	51.5	30.1	24.8	504.3	42.0
7	平均降水量	16.2	23.1	27.5	47.7	45.6	67.4	101.0	107.6	58.0	32.6	24.0	20.0	734.8	47.5

（b）

	A	B	C	D	E	F	G	H	I	J	K	L	M	N	O
1	2008年降水情况一览表														
2															（单位：mm）
3	月份	1	2	3	4	5	6	7	8	9	10	11	12	年降水量	月平均降水量
5	B市	44.0	62.6	78.1	106.0	122.9	158.9	134.2	126.0	150.5	50.1	48.9	40.9	1123.1	93.6

（c）

图 4-41　“2008 年降水情况一览表”效果

（a）“2008 年降水情况一览表”原始数据表；（b）按年降水量降序排序结果；
（c）筛选年降水量高于年平均降水量城市结果

（2）用 Excel 2007 创建“学生成绩表”，效果如图 4-42 所示，利用数据管理功能对其进行排序、分类汇总和筛选操作。要求：

1）表格：标题设置 A1:H1 合并后居中，字符格式为黑体、16 磅，行高 30；表头字符格式为宋体、12 磅、加粗；表内字符格式为宋体、12 磅，字符居中，数字右对齐；表内加网格线，行高为 20。

2）输入图 4-42（a）所示的 A3:F14 单元格区域数据，计算总分和平均分。

3）分别实现按总分、语文、数学和英语成绩排名，在表中标出各项排名，排序结果如图 4-42（b）所示。

4）实现按班级的分类汇总，计算平均分，结果如图 4-42（c）所示。

5）实现学生成绩的筛选操作，包括按总成绩（≥240）和各科成绩（≥80），结果如图 4-42（d）、（e）所示。

学生期末考试成绩表

	序号	班级	姓名	语文	数学	英语	总分	平均分
3	1	1.1	王宏力	84	65	57	206	69
4	2	1.1	李晓红	88	96	91	275	92
5	3	1.1	张云霞	72	62	70	204	68
6	4	1.1	陈一丰	90	89	88	267	89
7	5	1.2	李小曼	81	96	84	261	87
8	6	1.2	周丽莉	95	90	98	283	94
9	7	1.2	王洪强	71	56	49	176	59
10	8	1.2	刘思雨	85	100	100	285	95
11	9	1.3	王朝阳	86	97	100	283	94
12	10	1.3	孙诚信	60	85	61	206	69
13	11	1.3	郑晓枫	71	89	82	242	81
14	12	1.3	李红云	91	78	85	254	85

（a）

学生期末考试成绩表

	序号	班级	姓名	语文	数学	英语	总分	平均分	综合排名	语文名次	数学名次	英语名次
3	1	1.1	王力力	84	65	57	206	69	9	7	10	11
4	2	1.1	张晓红	88	96	91	275	92	4	4	3	4
5	3	1.1	赵云霞	72	62	70	204	68	11	9	11	9
6	4	1.1	陈　丰	90	89	88	267	89	5	3	6	5
7	5	1.2	李琳琳	81	96	84	261	87	6	8	4	7
8	6	1.2	周小莉	95	90	98	283	94	2	1	5	3
9	7	1.2	王洪强	71	56	49	176	59	12	11	12	12
10	8	1.2	刘思雨	85	100	100	285	95	1	6	1	1
11	9	1.3	陈朝阳	86	97	100	283	94	3	5	2	2
12	10	1.3	孙维信	60	85	61	206	69	10	12	8	10
13	11	1.3	郑晓晓	71	89	82	242	81	8	10	7	8
14	12	1.3	李红云	91	78	85	254	85	7	2	9	6

（b）

学生期末考试成绩表

	序号	班级	姓名	语文	数学	英语	总分	平均分
7		1.1 平均值		84	78	77	238	79
12		1.2 平均值		83	85	83	251	84
17		1.3 平均值		77	87	82	246	82
18		总计平均值		81	83	80	245	82

（c）

学生期末考试成绩表

	序号	班级	姓名	语文	数学	英语	总分	平均分
4	2	1.1	李晓红	88	96	91	275	92
6	4	1.1	陈一丰	90	89	88	267	89
7	5	1.2	李小曼	81	96	84	261	87
8	6	1.2	周丽莉	95	90	98	283	94
10	8	1.2	刘思雨	85	100	100	285	95
11	9	1.3	王朝阳	86	97	100	283	94

（d）

学生期末考试成绩表

	序号	班级	姓名	语文	数学	英语	总分	平均分
4	2	1.1	李晓红	88	96	91	275	92
6	4	1.1	陈一丰	90	89	88	267	89
7	5	1.2	李小曼	81	96	84	261	87
8	6	1.2	周丽莉	95	90	98	283	94
10	8	1.2	刘思雨	85	100	100	285	95
11	9	1.3	王朝阳	86	97	100	283	94
13	11	1.3	郑晓枫	71	89	82	242	81
14	12	1.3	李红云	91	78	85	254	85

（e）

图 4-42 “学生成绩表”效果

（a）“学生成绩表”原始数据表；（b）排序结果；（c）分类汇总结果；（d）筛选总成绩高于“240”结果；（e）筛选各科成绩高于“80”结果

实训 4.4　Excel 2007 中图表制作

【知识要点】

图表；图表类型。

【实训目的与要求】

（1）了解图表的作用和图表的类型。

（2）掌握创建、编辑和格式化图表的操作方法。

【实训内容与步骤】

根据提供的“2006-2008 年中国白色家电产量情况表”，创建“2006-2008 年中国白色家电产量情况”和“2006-2008 年中国白色家电总产量分析”图表，基础表格及部分功能实现效果如图 4-43 所示。

2006-2008年中国白色家电产量情况表

单位（万台）

年度	洗衣机	电冰箱	空调	合计
2006年	2920.0	3264.7	7030.0	13215.0
2007年	3181.0	3887.0	7106.0	14174.0
2008年	3372.0	4356.0	7150.0	14878.0
总计	9473.0	11507.7	2186.0	42267.0

数据来源：中商情报网

（a）

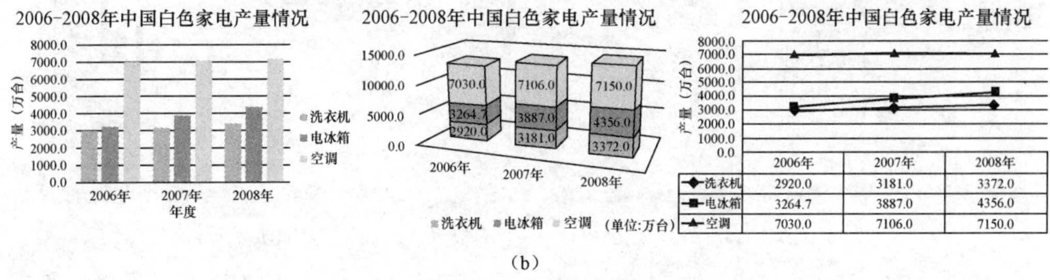

（b）

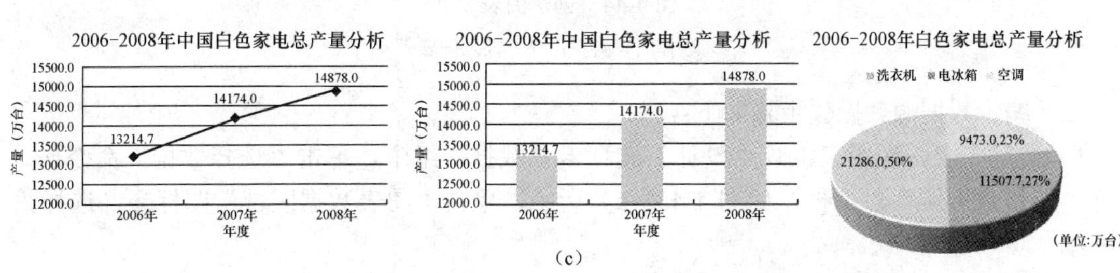

（c）

图 4-43　“2006-2008 年中国白色家电产量情况表”及图表效果

（a）“2006-2008 年中国白色家电产量情况表”效果；（b）“2006-2008 年中国白色家电产量情况表”图表效果；（c）“2006-2008 年中国白色家电总产量分析”图表效果

1. 创建“2006-2008 年中国白色家电产量情况表”

启动 Excel 2007，完成基础表格设计。

1）输入表标题。选定 A1:E1 单元格区域，在“开始”选项卡“对齐方式”组中，单击

“合并后居中”命令，输入表标题“2006-2008 年中国白色家电产量情况表”，同样操作将A2:E2 区域合并，输入“单位（万台）”，设置右对齐。

2）输入表头。在 A3、B3、…、E3 单元格依次输入“年度”、“洗衣机”、…、“合计”。

3）添加网格线。选定 A3:E7 单元格区域，在“开始”选项卡“字体”组中，单击“边框”命令右侧箭头，从列表中选择“所有框线”命令。

4）设置字符格式。选定表标题（第 1 行）设置为宋体、16 磅、加粗；选定第 3 行到第 7 行，设置为宋体、12 磅、居中。

5）调整行高和列宽。调整标题、各行高度及各列宽度为合适值。

6）输入 B4:D6 单元格区域数据；在 E4 单元格编辑公式“=SUM(B4:D4)”，计算 2006 年度合计值，填充输入其他合计值；在 B7 单元格编辑公式“=SUM(B4:B6)”，计算洗衣机总计值，填充输入其他总计值。

2. 制作“2006-2008 年中国白色家电产量情况”图表

（1）创建图表。选定 A3:E7 单元格，在“插入”选项卡“图表”组中，单击“柱形图”命令，从列表中选择“簇状柱形图”，类型如图 4-44（a）所示。在工作表中插入图表，效果如图 4-44（b）所示。

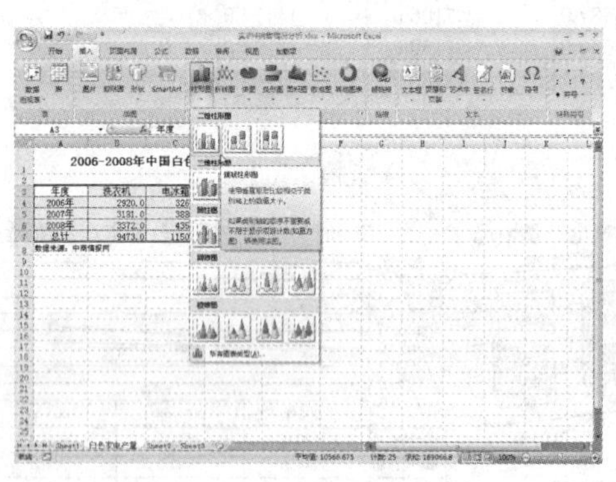

（a）

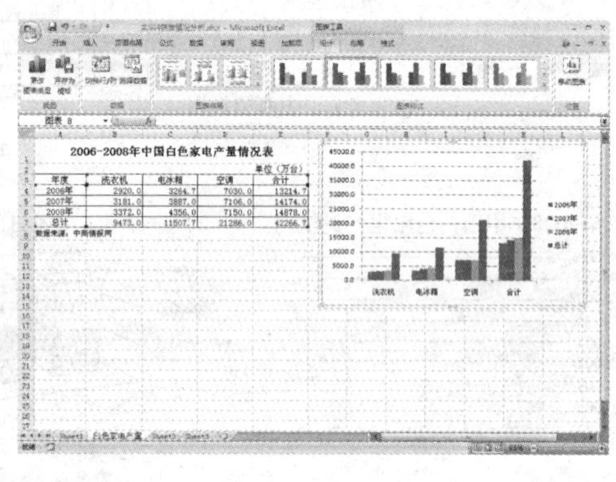

（b）

图 4-44 创建图表

（a）选择图表类型；（b）插入图表

（2）编辑数据源。操作步骤如下：

1）选定图表，在图表工具“设计”选项卡“数据”组中，单击“选择数据”命令，打开“选择数据源”对话框，如图 4-45（a）所示，单击“图表数据区域”图标，选择数据区域。

2）单击“切换行/列”命令，将图表中的横/纵坐标互换；在“图例项（系列）”列表中选定“总计”，单击“删除”按钮，将其从系列中删除；单击“水平（分类）轴标签”中“编辑”按钮，编辑轴标签区域，如图 4-45（b）所示。

提示：在“选择数据源”对话框的“图例项（系列）”列表中，单击“添加”、“编辑”、“删除”按钮可以对图表中的系列选项进行编辑；单击“上移”、“下移”按钮可以调整各系列在图表中的位置。

3）编辑完成，单击“确定”按钮，图表效果如图 4-45（c）所示。

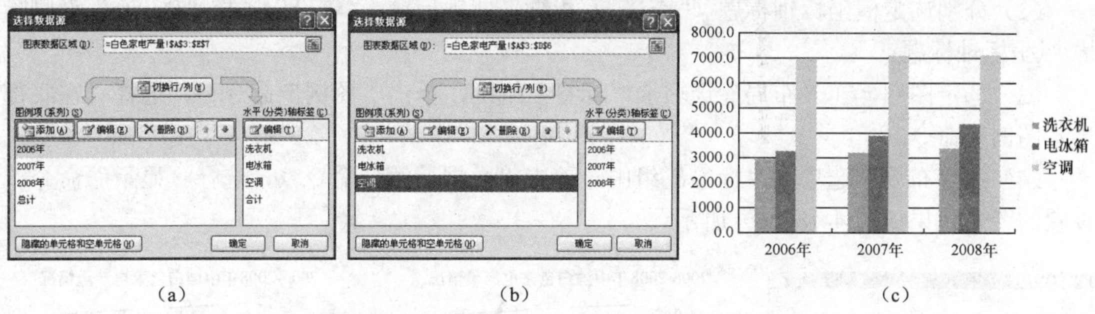

（a）　　（b）　　（c）

图 4-45　创建图表

（a）“选择数据源”对话框；（b）编辑数据源；（c）图表效果

（3）设置图表标题。选定图表，在图表工具“布局”选项卡“标签”组中，单击“图表标题”命令，从列表中选择“在图表上方”，输入图表标题“2006-2008 年中国白色家电产量情况”；单击“坐标轴标题”命令，分别设置“主要横坐标轴标题”和“主要纵坐标轴标题”，分别输入横、纵坐标轴标题“年度”、“产量（万台）”，效果如图 4-46 所示。

提示：选定图表，在图表工具“设计”选项卡“图表布局”组中，从图表列表中选择包括图表标题和坐标轴标题的图表（如“布局 9”），可以快速完成设置标题的操作。

（4）格式化图表。在图表上选定代表“洗衣机”产量的“蓝色”柱形，在图表工具“格式”选项卡“形状样式”组中，单击“形状效果”命令右侧箭头，从列表中选择“棱台”→“圆”命令；单击“形状填充”命令右侧箭头，从列表中选择“深蓝，文字，淡然 60%”命令，同样操作方法设置其他柱形格式，效果如图 4-47 所示。

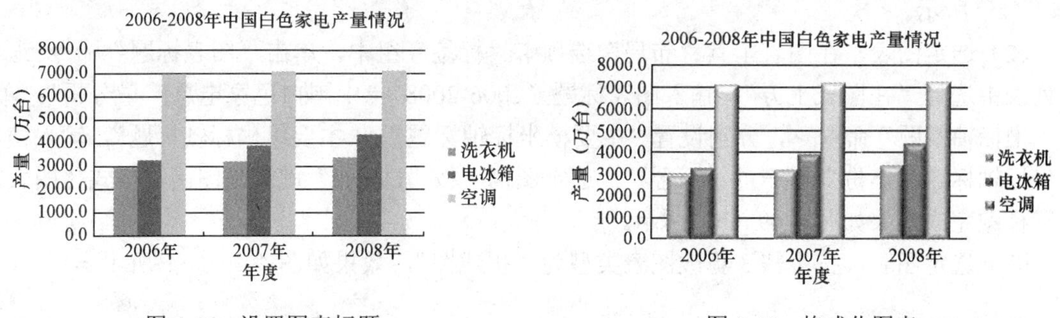

图 4-46　设置图表标题　　　　图 4-47　格式化图表

提示：通过图表工具“格式”选项卡“艺术字样式”组中命令可以快速完成图表中字符的格式化设置操作。

3. 更改“2006-2008 年中国白色家电产量情况”图表类型

（1）选定图表，在“设计”选项卡“类型”组中，单击“更改图表类型”命令，打开“更改图表类型”对话框，如图 4-48（a）所示。选择“三维堆积柱形图”，单击“确定”按钮，图表效果如图 4-48（b）所示。

（2）分别选定横坐标轴标题（“产量”）和纵坐标轴标题（“年份”），按“Delete”键删除横/纵坐标轴标题。

（3）选定图例，在“布局”选项卡“标签”组中，单击“图例”命令，选择“在底部显示图例”命令。

（4）在“布局”选项卡“标签”组中，单击“数据标签”命令，选择“显示”命令，设置的图表效果如图 4-48（c）所示。

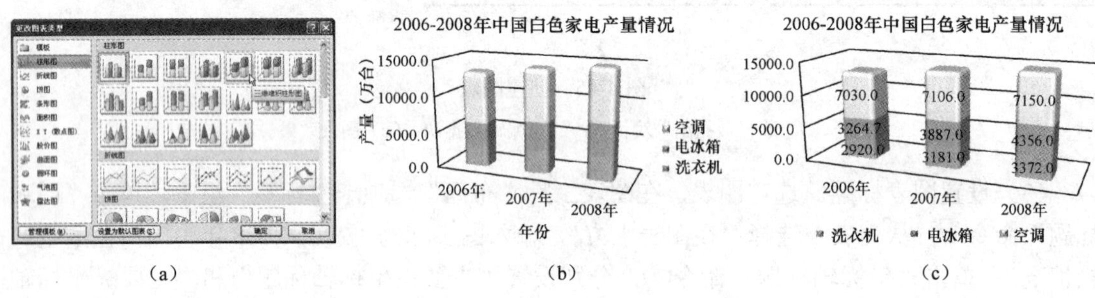

（a） （b） （c）

图 4-48 更改图表类型

（a）“更改图表类型”对话框；（b）三维堆积柱形图效果；（c） 显示数据标签效果

（5）重复步骤（1）～（2），选择图表类型为“折线图”；在“设计”选项卡“图表布局”中选择带在原始数据表格布局（如“布局 5”），设计完成效果如图 4-43（b）中最后一个图表。

4. 制作“2006-2008 年中国白色家电总产量分析”柱形图表（按年度）

（1）按下“Ctrl”键，选定 A4:A6 和 E4:E6 不连续单元格区域，在“插入”选项卡“图表”组中，单击“柱形图”命令，从列表中选择“簇状柱形图”，创建的柱形图效果如图 4-49（a）所示。

（2）选定图表，在图表工具“布局”选项卡“标签”组中，单击“图表标题”命令，从列表中选择“在图表上方”，输入图表标题“2006-2008 年中国白色家电总产量分析”；单击“坐标轴标题”命令，分别设置“主要横坐标轴标题”/“主要纵坐标轴标题”，输入横、纵坐标轴标题“年份”、“产量（万台）”；选定图例，按“Delete”键删除图例，格式化图表，设置标题完成效果如图 4-49（b）所示。

（3）选定图表，按步骤 3 更改图表类型为“折线图”，效果如图 4-49（c）所示。

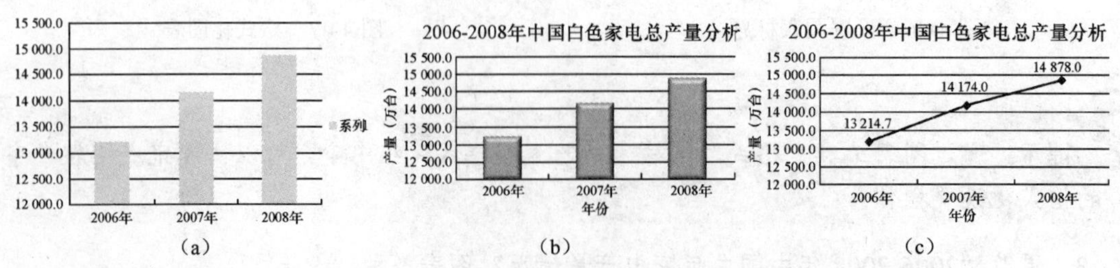

（a） （b） （c）

图 4-49 “2006-2008 年中国白色家电总产量分析”图表（按年度）

（a）柱形图效果；（b）设置标题效果；（c）折线图效果

提示： 在图 4-48（c）图表的基础上，单击图表工具“布局”选项卡“分析”组中的“趋势线”命令，可以为图表添加趋势分析线。

5. 制作“2006-2008 年中国白色家电总产量分析”饼形图表（按商品类别）

（1）按下“Ctrl”键，选定 B3:D3 和 B7:D7 不连续单元格区域，在“插入”选项卡“图表”组中，单击“饼图”命令，从列表中选择“三维饼图”，效果如图 4-50（a）所示。

（2）在图表工具“设计”选项卡中，从“图表布局”列表中选择包含标题和显示数据的布局（如“布局 2”），更改图表布局效果如图 4-50（b）所示。

（3）编辑图表标题“2006-2008 年白色家电总产量分析”；按步骤 2 中的（4）格式化图表。

（4）在饼图上右击鼠标，从弹出的快捷菜单中选择“设置数据标签格式”命令，打开“设置数据标签格式”对话框，如图 4-50（c）所示，在“标签选项”中选中“值”复选框，单击“关闭”按钮。

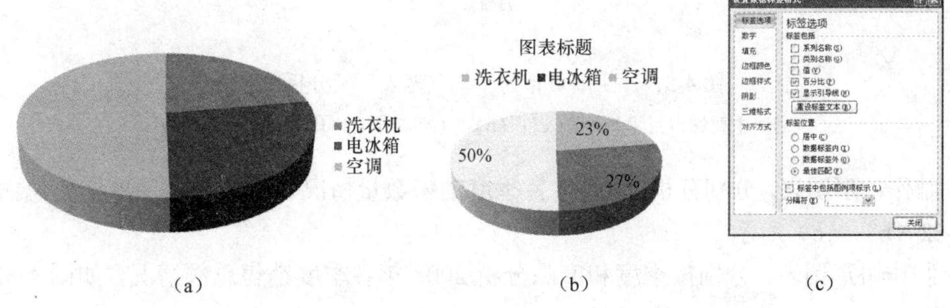

图 4-50 “2006-2008 年中国白色家电总产量分析”图表（按商品类别）

（a）三维饼图效果；（b）更改图表布局效果；（c）设置图表标签

（5）设置图表的最终效果如图 4-43（c）右侧图所示。

【实践与提高】

（1）用 Excel 2007 创建“主要城市月平均气温表”，利用图表功能制作折线图，分析各城市月气温情况，如图 4-51 所示。要求：

1）制作表格，标题设置 A1:M1 合并后居中，字符格式为黑体、16 磅，行高 30；其余部分字符格式为宋体、12 磅，字符居中，数字右对齐；表内加网格线，行高为 20。

2）如图 4-51（a）所示，输入 B4:M8 单元格区域数据。

3）制作“主要城市月平均气温情况”图表，图表类型为折线图；设置图表标题为“主要城市月平均气温情况”、横坐标轴标题为“月份”、纵坐标轴标题为“温度（℃）”；设置不同线型表示各城市的温度变化情况，如图 4-51（b）所示。

（2）用 Excel 2007 创建“销售情况统计表”，利用图表功能制作柱形图和饼图，分析 2008 年各季度销售数量和销售总额，效果如图 4-52 所示。要求：

1）制作表格，标题设置 A1:L1 合并后居中，字符格式为黑体、18 磅，行高 30；其余部分字符格式为宋体、12 磅，字符居中，数字右对齐；表内加网格线，行高为 20。

2）如图 4-52（a）所示，输入各产品的数量、单价；编辑公式计算金额、总计和销售总额。

	A	B	C	D	E	F	G	H	I	J	K	L	M
1	主要城市月平均气温表												
2													（单位：℃）
3	月份/城市	一月	二月	三月	四月	五月	六月	七月	八月	九月	十月	十一月	十二月
4	北京	-4.6	-2.2	4.5	13.1	19.8	24.0	25.8	24.4	19.4	12.4	4.1	-2.7
5	天津	-4.0	-1.6	5.0	13.2	20.0	24.1	26.4	25.5	20.8	13.6	5.2	-1.6
6	上海	3.5	4.6	8.3	14.0	18.8	23.3	27.8	27.7	23.6	18.0	12.3	6.2
7	重庆	7.2	8.9	13.2	18.0	21.8	24.3	27.8	28.0	22.8	18.2	13.3	8.6
8	广州	13.3	14.4	17.9	21.9	25.6	27.2	28.4	28.1	26.9	23.7	19.4	15.2

（a）

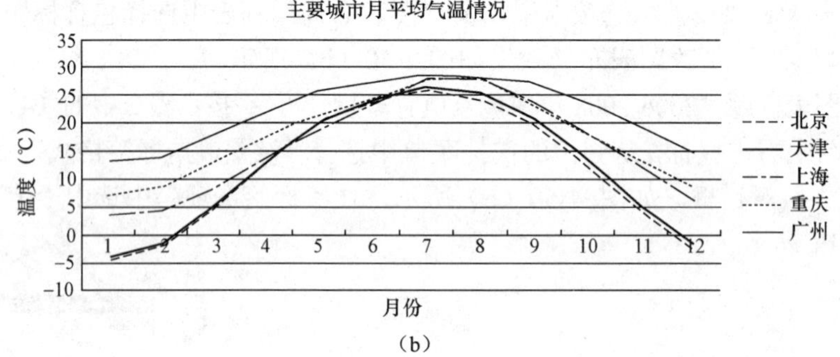

（b）

图 4-51　“主要城市月平均气温表”及分析图表

（a）“主要城市月平均气温表”；（b）“主要城市月平均气温情况”图表

3）制作柱形图表，分别分析 2008 年各季度销售数量情况、2008 年各季度销售总额情况，如图 4-52（b）、（c）所示。

4）制作饼形图表，分别按季度和产品分析 2008 年各季度销售总额情况，如图 4-52（d）、（e）所示。

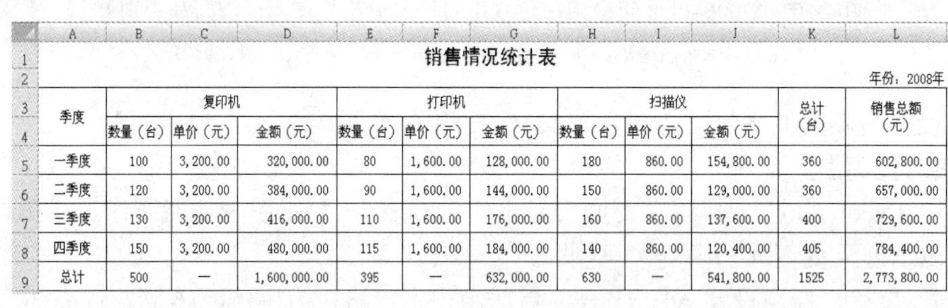

	A	B	C	D	E	F	G	H	I	J	K	L
1	销售情况统计表											
2												年份：2008年
3	季度	复印机			打印机			扫描仪			总计（台）	销售总额（元）
4		数量（台）	单价（元）	金额（元）	数量（台）	单价（元）	金额（元）	数量（台）	单价（元）	金额（元）		
5	一季度	100	3,200.00	320,000.00	80	1,600.00	128,000.00	180	860.00	154,800.00	360	602,800.00
6	二季度	120	3,200.00	384,000.00	90	1,600.00	144,000.00	150	860.00	129,000.00	360	657,000.00
7	三季度	130	3,200.00	416,000.00	110	1,600.00	176,000.00	160	860.00	137,600.00	400	729,600.00
8	四季度	150	3,200.00	480,000.00	115	1,600.00	184,000.00	140	860.00	120,400.00	405	784,400.00
9	总计	500	—	1,600,000.00	395	—	632,000.00	630	—	541,800.00	1525	2,773,800.00

（a）

2008年各季度销售数量情况

数量（台）　季度　一季度　二季度　三季度　四季度　复印机　打印机　扫描仪

（b）

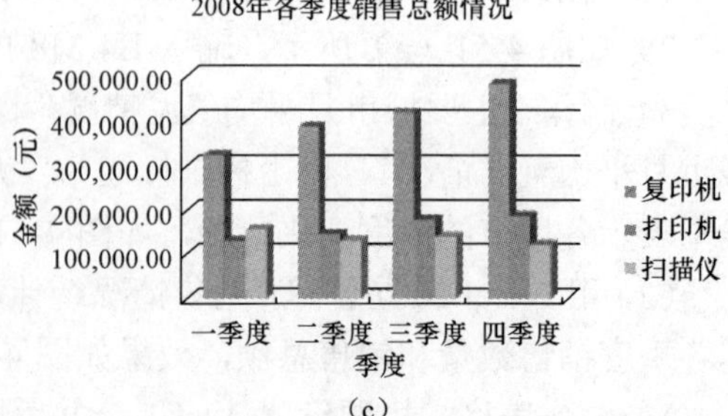

（c）

图 4-52　“销售情况统计表”及各种图表（一）

（a）“销售情况统计表”效果；（b）“2008 年各季度销售数量情况”图表；（c）“2008 年各季度销售总额情况”图表

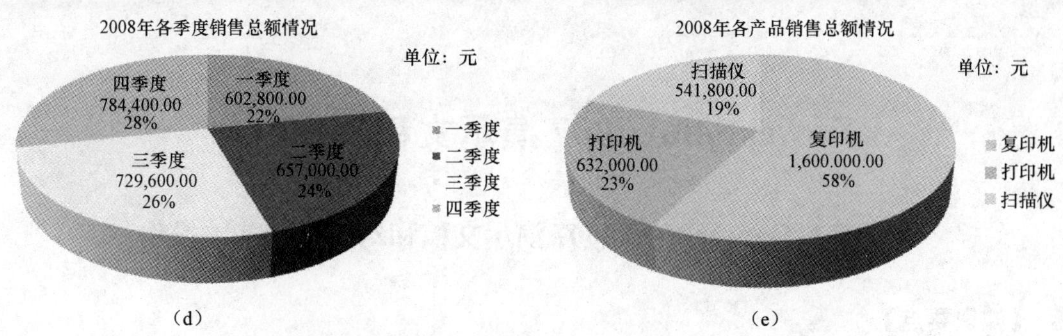

图 4-52 “销售情况统计表”及各种图表（二）

（d）“2008 年各季度销售总额情况”图表（按季度）；（e）“2008 年各产品销售总额情况”图表（按商品）

第 5 章

PowerPoint 2007 演示文稿制作软件

实训 5.1　PowerPoint 2007 演示文稿和幻灯片的基本操作

【知识要点】

演示文稿；幻灯片；版式；文本；图形；浏览；放映。

【实训目的与要求】

（1）掌握 PowerPoint 2007 启动和退出的方法，熟悉 PowerPoint 2007 的工作界面。

（2）掌握 PowerPoint 2007 演示文稿建立、打开和保存的方法。

（3）掌握幻灯片中文本输入、编辑和格式化的操作方法。

（4）掌握幻灯片中图形对象插入、编辑和格式化的操作方法。

（5）掌握幻灯片浏览和放映的操作方法。

【实训内容与步骤】

用 PowerPoint 2007 制作“答辩提纲”演示文稿，效果如图 5-1 所示。

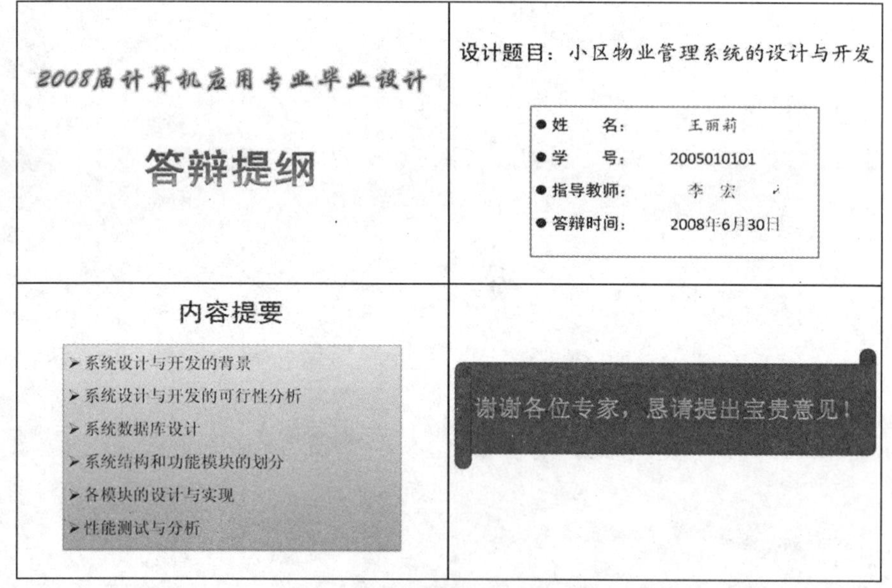

图 5-1 “答辩提纲”演示文稿效果

1. 启动 PowerPoint 2007

（1）单击“开始”按钮，选择“程序”→“Microsoft Office”→“Microsoft Office PowerPoint 2007”命令，启动 PowerPoint 2007，如图 5-2（a）所示，自动创建一个名为“演示文稿 1.pptx”的文档文件，如图 5-2（b）所示。

（2）在 PowerPoint 2007 工作界面上，观察 Office 按钮、标题栏、快速访问工具栏、功能区中的选项卡和组、幻灯片编辑窗口等所处的位置和包含的内容。

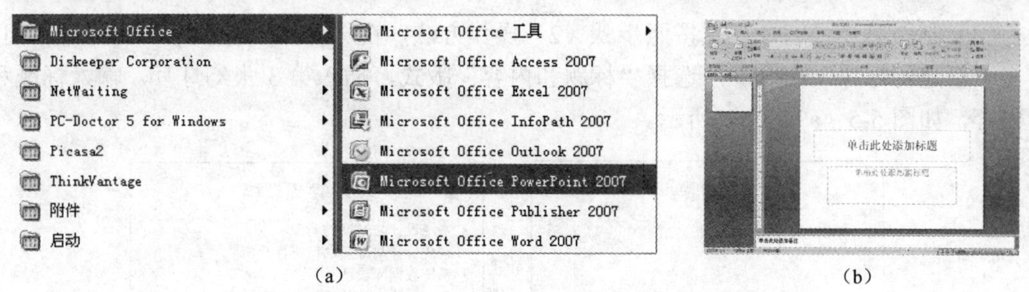

（a）　（b）

图 5-2　PowerPoint 2007 的启动

（a）启动 PowerPoint 2007；（b）PowerPoint 2007 应用程序窗口

2. 制作幻灯片

（1）制作第 1 张幻灯片。在演示文稿的第 1 张幻灯片中，单击“单击此处添加标题”，输入标题“2008 届计算机应用专业毕业设计”，如图 5-3（a）所示；单击“单击此处添加副标题”，输入副标题“答辩提纲”，如图 5-3（b）所示。

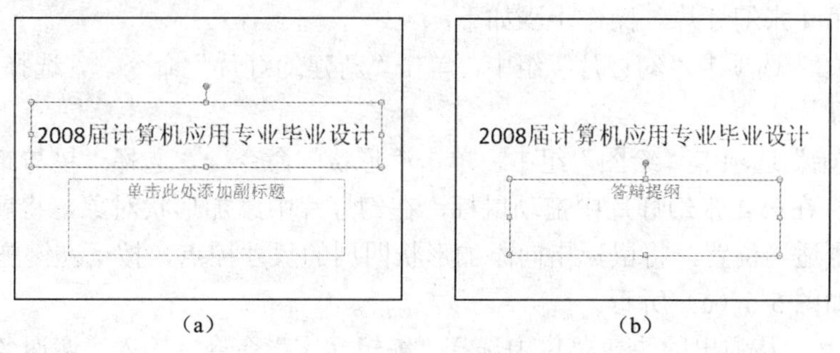

（a）　（b）

图 5-3　制作第 1 张幻灯片

（a）输入标题；（b）输入副标题

（2）制作第 2 张幻灯片。操作步骤如下：

1）在“开始”选项卡“幻灯片”组中，单击“新建幻灯片”命令，选择“标题和内容”版式，插入第 2 张幻灯片。

2）单击“单击此处添加标题”，输入“设计题目：小区物业管理系统的设计与开发”，如图 5-4（a）所示；单击“单击此处添加文本”，输入答辩学生姓名、学号、指导教师以及答辩时间等内容，如图 5-4（b）所示。

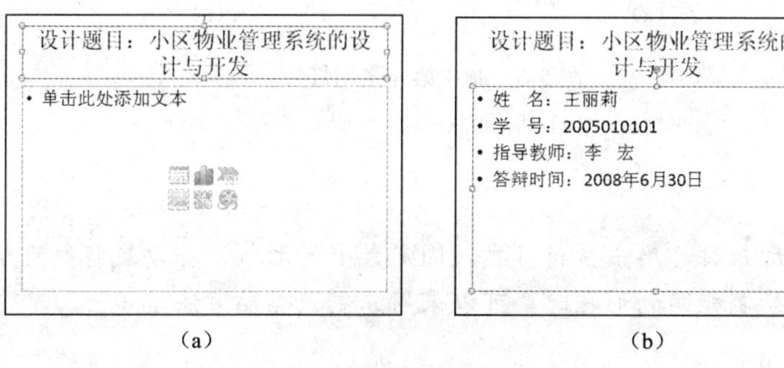

（a）　（b）

图 5-4　制作第 2 张幻灯片

（a）输入标题；（b）输入文本

(3) 制作第 3 张幻灯片。按照步骤 (2) 操作方法，在“开始”选项卡“幻灯片”组中，单击“新建幻灯片”命令，选择“标题和内容”版式，插入第 3 张幻灯片，输入标题和文本内容，如图 5-5 (a)、(b) 所示。

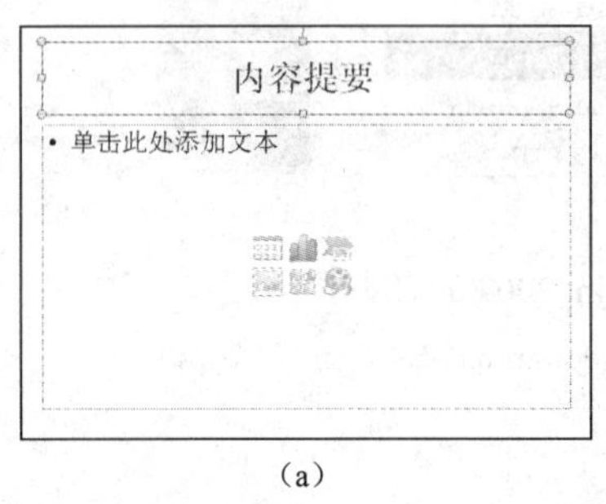

(a)

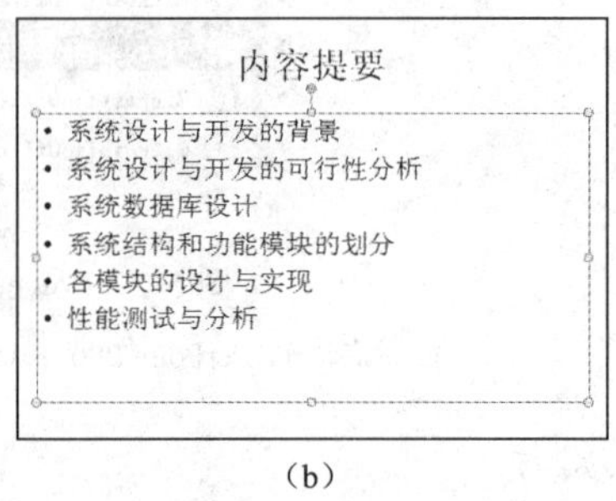

(b)

图 5-5　制作第 3 张幻灯片

(a) 输入标题；(b) 输入文本

(4) 制作第 4 张幻灯片。操作步骤如下：

1) 在“开始”选项卡“幻灯片”组中，单击“新建幻灯片”命令，选择“空白”版式，插入第 4 张幻灯片。

2) 在“开始”选项卡“绘图”组中，单击“形状”命令，选择“星与旗帜”中的“横卷形”形状；在第 4 张幻灯片中拖动鼠标，在幻灯片中添加形状对象，将鼠标指向形状，按下左键拖动到适当位置，将鼠标指向添加形状四周的尺寸控点，按下左键拖动鼠标，调整形状的大小，如图 5-6 (a) 所示。

3) 右击形状，从弹出的快捷菜单中选择“编辑文字”命令，输入“谢谢各位专家，恳请提出宝贵意见！”，如图 5-6 (b) 所示。

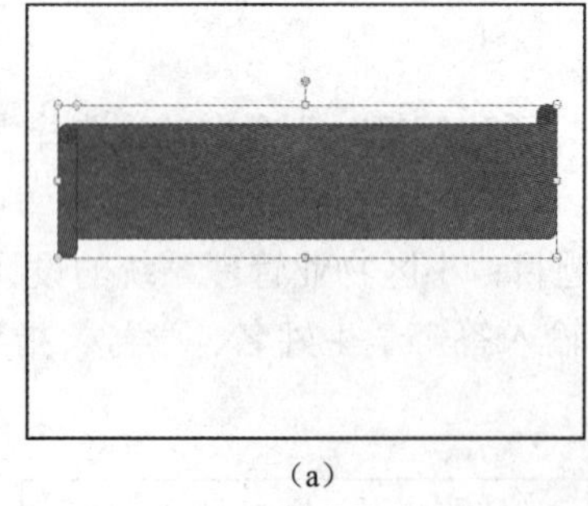

(a)

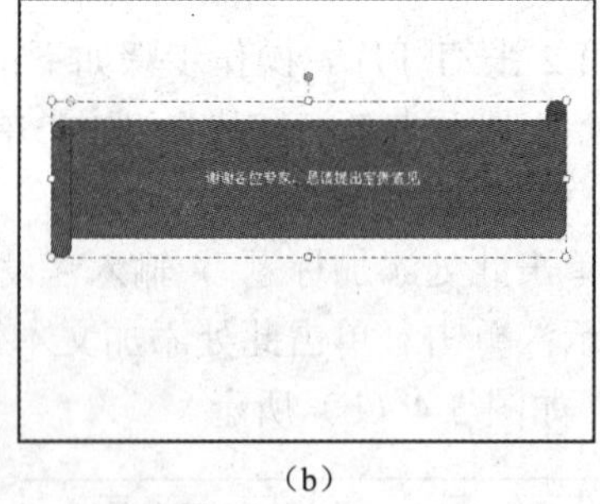

(b)

图 5-6　制作第 4 张幻灯片

(a) 插入形状；(b) 编辑文字

说明：在绘制形状时，单击鼠标可插入固定大小的形状，拖动鼠标则可绘制出任意大小的自选形状；在绘制相同的形状时，可以采用复制、粘贴方法实现。

3. 格式化幻灯片

(1) 设置字符格式。在第 1 张幻灯片上，选定文字，单击“开始”选项卡“字体”组中的命令设置字体、字号等，如图 5-7（a）所示；单击“段落”组中的命令设置字符居中等，如图 5-7（b）所示，其中标题字符格式为“华文行楷、44、加粗、居中”；副标题字符格式为“黑体、72、加粗、居中”。同样操作，分别设置其他 3 张幻灯片中的字符格式，在此不作具体要求，以演示效果美观大方为宜。

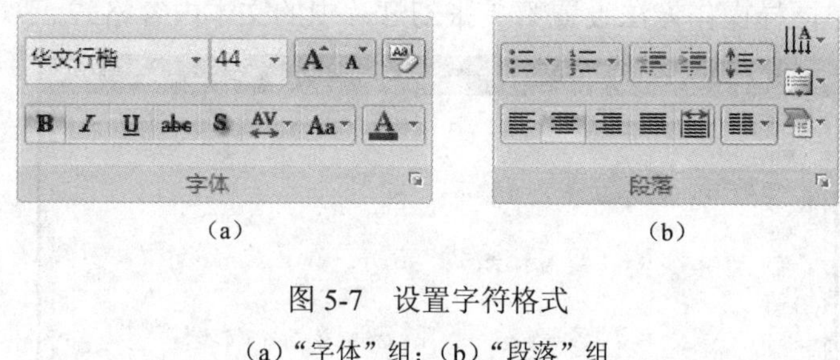

（a）　（b）

图 5-7　设置字符格式

（a）“字体”组；（b）“段落”组

提示：在为文本设置与前面文本相同的格式时，可以使用“剪贴板”组中的“格式刷”命令复制前面文本的格式。

（2）移动文本框。将鼠标移动到标题文本框上，当指针变成“✥”形状时，按下左键拖动文本框到适当的位置，释放鼠标。

（3）调整文本框大小。选定文本框，将鼠标指向文本框四周的尺寸控点，拖动鼠标，调整文本框的高度及宽度到适当的大小。

（4）设置艺术字样式。以第 1 张幻灯片的标题为例，选中标题“2008 届计算机应用专业毕业设计”，在“格式”选项卡中，从“艺术字样式”组的样式列表中选择一种样式，或单击“文本填充”命令、“文本轮廓”命令、“文本效果”命令右侧箭头设置艺术字样式，如图 5-8（a）所示。

（5）设置形状样式。以第 4 张幻灯片为例，选中形状，在“格式”选项卡中，从“形状样式”组的样式列表中选择一种样式，或单击“形状填充”命令、“形状轮廓”命令、“形状效果”命令右侧箭头设置形状样式，如图 5-8（b）所示。

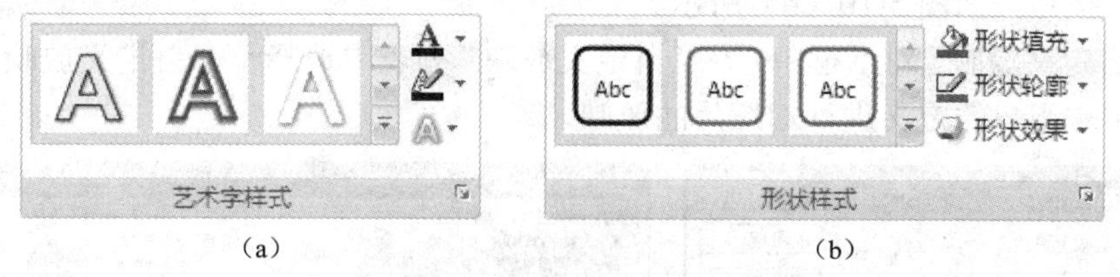

（a）　（b）

图 5-8　设置艺术字和形状样式

（a）“艺术字样式”组；（b）“形状样式”组

注意：艺术字是图形对象，因此无法在“大纲”视图中查看显示效果，也无法对其进行拼写检查。

（6）设置段落格式。以第 2 张幻灯片为例，选定内容文本，如图 5-7（b）所示的“段落”组中，单击“左对齐”命令；单击“项目符号”命令右侧箭头，从列表中选择“●”；单击“行距”命令，从列表中选择“1.5”。此外，将光标定位在需要设置格式的段落中，单击“开始”选项卡“段落”组中的“对话框启动器”，打开“段落”对话框，也可设置段落格式，如图 5-9 所示。同样操作方法设置第 3 张幻灯片中的文本内容格式。

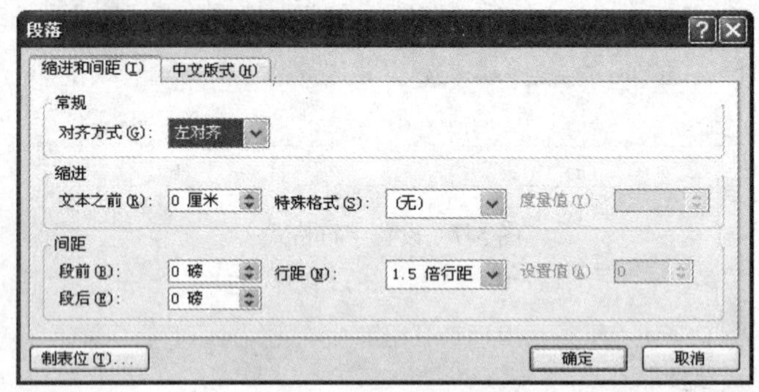

图 5-9 “段落”对话框

4. 幻灯片的放映

（1）从第 1 张幻灯片开始放映。在“幻灯片放映”选项卡“开始放映幻灯片”组中，单击“从头开始”命令，或者按“F5”键。

（2）从当前幻灯片开始放映。在“幻灯片放映”选项卡“开始放映幻灯片”组中，单击“从当前幻灯片开始”命令，或者按“Shift+F5”组合键。

（3）自定义放映。操作步骤如下：

1）在“幻灯片放映”选项卡“开始放映幻灯片”组中，单击“自定义幻灯片放映”命令，从弹出的菜单中选择“自定义放映”命令，打开“自定义放映”对话框，如图 5-10（a）所示。

2）单击“新建”按钮，打开“定义自定义放映”对话框，在“幻灯片放映名称”文本框中输入自定义放映名称（如“答辩自述”）；从左侧“在演示文稿中的幻灯片”列表中选择幻灯片，单击“添加”按钮，则添加到右侧“在自定义放映中的幻灯片”列表框中，设置完成单击“确定”按钮，如图 5-10（b）所示。

3）在“自定义放映”对话框中，从“自定义放映”列表中选择一个自定义放映，单击“放映”按钮，则按用户的定义进行幻灯片的放映。

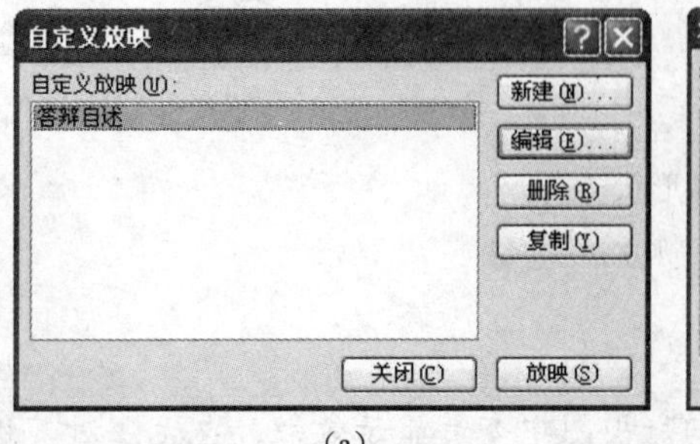

（a）

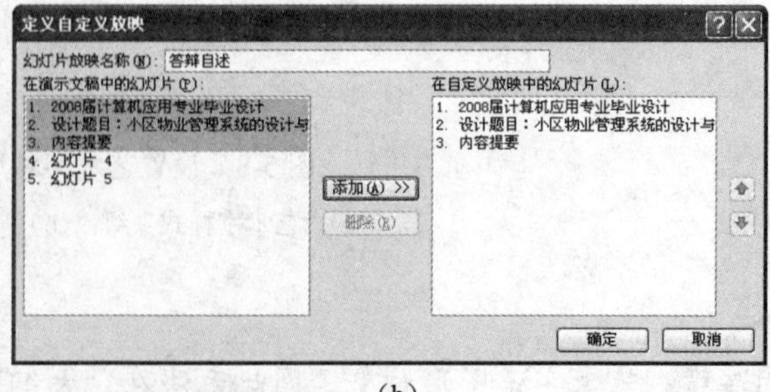

（b）

图 5-10 幻灯片的自定义放映

（a）“自定义放映”对话框；（b）“定义自定义放映”对话框

提示：用户可以定义多个自定义放映，在不同场合下选择不同的自定义放映，满足不同的用户需求。

5. 保存演示文稿

（1）单击“Office”按钮，选择“保存”命令，打开“另存为”对话框。

（2）在“保存位置”列表中选择“我的文档”，在“文件名”文本框中输入“毕业设计答辩提纲”，“保存类型”为“PowerPoint 演示文稿（*.pptx）”。

（3）单击“保存”按钮。

注意：PowerPoint 制作的演示文稿不向下兼容，如需在低级别的版本中打开制作的演示文稿，则要将其“保存类型”设置为“PowerPoint 97-2003 演示文稿（*.ppt）”。

【实践与提高】

（1）用 PowerPoint 2007 制作“公司简介”演示文稿，效果如图 5-11 所示。要求：

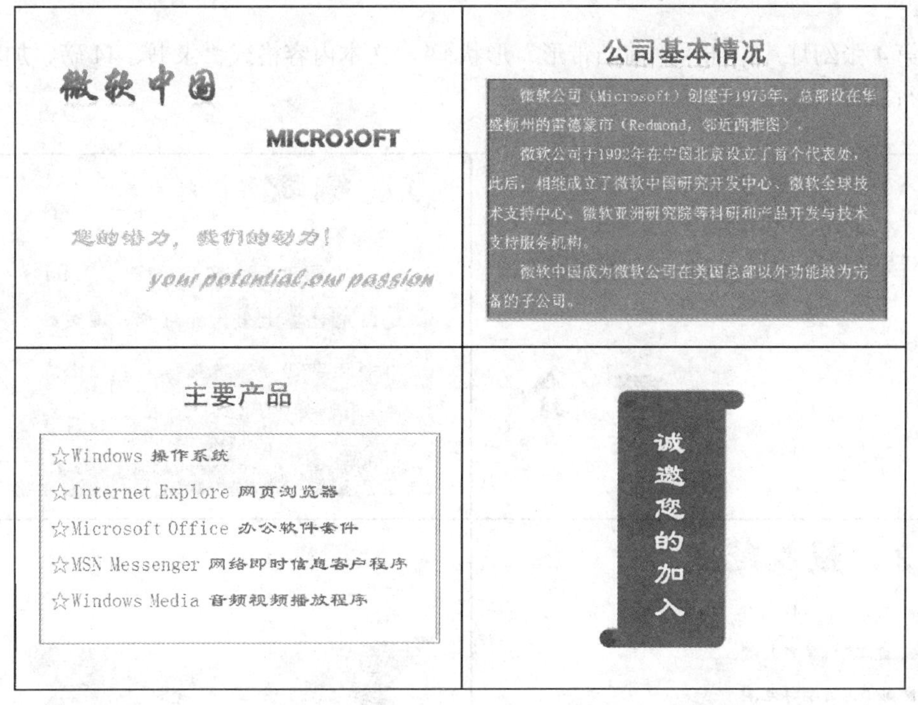

图 5-11　“公司简介”演示文稿效果

1）第 1 张幻灯片：标题中文字符格式为“华文行楷”，英文格式为“Berlin Sans FB Demi”，字号为“66 磅”，颜色为“蓝色”；副标题中文字符格式为“隶书”，英文格式为“Forte”，字号为“40 磅”，颜色为“浅绿色”；设置艺术字效果。

2）第 2 张幻灯片：标题字符格式为“黑体、44 磅、蓝色”，设置艺术字效果；文本内容格式为“宋体、26 磅、白色、1.5 倍行距、文字左对齐”；文本框填充为“蓝色”，效果为“棱台-松散嵌入”。

3）第 3 张幻灯片：标题字符格式为“黑体、44 磅、蓝色”，设置艺术字效果；文本内容格式为“隶书、32 磅、蓝色、1.5 倍行距、文字左对齐、首行缩进 1.5 厘米”；项目符号采用“☆”；文本框边框为“蓝色”，效果为 “棱台-十字形”。

4）第 4 张幻灯片：插入“竖卷形”形状，插入文字方向为“竖排”，文本内容格式为“隶书、52 磅、白色”；形状填充为“蓝色”，效果为“阴影-外部”。

（2）用 PowerPoint 2007 制作“中文期刊网全文数据库简介”演示文稿，效果如图 5-12 所示。要求：

1）第 1 张幻灯片：标题格式为“黑体、66 磅”，纹理填充效果；副标题格式为“隶书、90 磅”，蓝色过渡色填充效果；设置艺术字效果。

2）第 2 张幻灯片：标题格式为“隶书、60 磅”，纹理填充效果，设置艺术字效果；文本内容格式为“隶书、36 磅、浅黄色、1.5 行距、文字左对齐”；文本框填充为“灰色”，效果为“发光”。

3）第 3 张幻灯片：标题格式为“隶书、60 磅”，纹理填充效果，设置艺术字效果；文本内容格式为“隶书、30 磅、浅黄色、1.5 行距、文字左对齐、首行缩进 1.5 厘米”；项目符号采用“◆”。

4）第 4 张幻灯片：插入“前凸带形”形状，文本内容格式“隶书、44 磅、加粗、倾斜、阴影、白色”。

中文期刊网全文数据库

简 介

1、概况

《中国期刊全文数据库（CJFD）》是目前世界上最大的连续动态更新的中国期刊全文数据库，积累全文文献800万篇，题录1500余万条，分九大专辑，126个专题文献数据库。

2、覆盖范围

- ◆ 理工A辑学科范围
- ◆ 理工B辑学科范围
- ◆ 理工C辑学科范围
- ◆ 文史哲辑学科范围
- ◆ 经济政治与法律辑学科范围
- ◆ 教育与社会科学辑学科范围
- ◆ 电子技术及信息科学学科范围

图 5-12 “中文期刊网全文数据库简介”演示文稿效果

实训 5.2　PowerPoint 2007 幻灯片中多媒体对象的操作

【知识要点】

自选图形；艺术字；图片；剪贴画；声音。

【实训目的与要求】

（1）掌握幻灯片中形状、艺术字对象的插入和格式化方法。

（2）掌握幻灯片中图片、剪贴画对象的插入和设置方法。

（3）掌握幻灯片中影片及声音等多媒体对象的操作方法。

【实训内容与步骤】

用 PowerPoint 2007 制作“生日贺卡”演示文稿，效果如图 5-13 所示。

图 5-13　“生日贺卡”演示文稿效果

1. 建立演示文稿

启动 PowerPoint 2007，自动创建一个名为“演示文稿 1.pptx”的文档文件。

2. 制作幻灯片

（1）在“开始”选项卡“幻灯片”组中，单击“版式”命令，从列表中选择“空白”版式。

（2）插入形状对象。在“插入”选项卡“插图”组中，单击“形状”命令，选择“矩形”形状，在幻灯片上绘制形状，调整大小及位置，使其略小于幻灯片版面，居中放置。

（3）插入艺术字对象。在“插入”选项卡“文本”组中，单击“艺术字”命令，从“艺术字”样式列表中选择一种样式，如图 5-14（a）所示，则幻灯片中插入了一个“请在此键入您自己的内容”的占位符，输入文本“TO：My friend!”。重复上述操作，添加其他文本，艺术字效果如图 5-14（b）所示。

（4）插入剪贴画对象。操作步骤如下：

1）在“插入”选项卡“插图”组中，单击“剪贴画”命令，打开“剪贴画”任务窗格。

2）在“搜索文字”文本框中输入文本“生日”，在“搜索范围”下拉列表框中选择“所有收藏集”选项，在“结果类型”下拉列表框中选择“所有媒体文件类型”选项，单击“搜索”按钮，如图 5-15（a）所示。

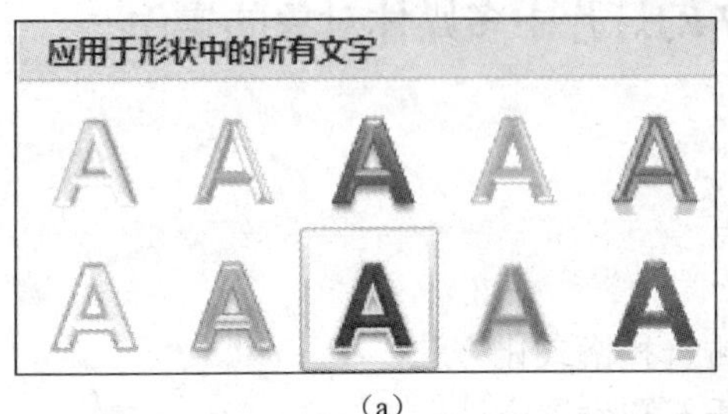

（a）

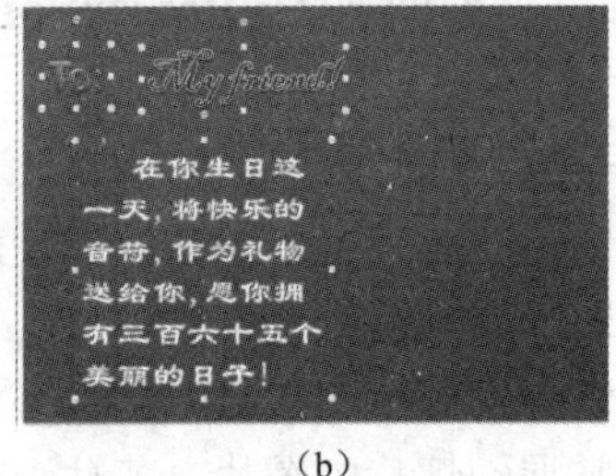

（b）

图 5-14 插入艺术字对象

（a）“艺术字”列表；（b）“艺术字”效果

3）在搜索结果中选定剪贴画，单击右侧箭头，从弹出的菜单中选择“插入”命令，或用鼠标将剪贴画拖动到幻灯片中，调整大小及在幻灯片中的位置，如图 5-15（b）所示。

（a）

（b）

图 5-15 插入剪贴画对象

（a）“剪贴画”任务窗格；（b）插入剪贴画效果

提示：在 PowerPoint 2007 中，单击“插入”选项卡“插图”组中的“图片”命令，打开“插入图片”对话框，选择图片，单击“插入”按钮，可将文件中的图片插入到幻灯片中。

（5）插入声音对象。操作步骤如下：

1）在“插入”选项卡“媒体剪辑”组中，单击“声音”命令，从列表中选择“剪辑管理器中的声音”命令，打开“剪贴画”任务窗格。

2）从“搜索范围”列表中选择“所有收藏集”，从“结果类型”列表中选择“选中的媒体文件类型”选项，单击“搜索”按钮，如图 5-16（a）所示。

3）选定声音文件，单击右侧箭头，从弹出的菜单中选择“插入”命令，或用鼠标将其拖动到幻灯片中，打开“Microsoft Office PowerPoint”系统提示对话框，提示用户选择播放声音文件的方式，单击“自动”按钮，声音文件在幻灯片上以略缩图显示，拖动声音图标至幻灯片的右下角并调整其大小，插入声音效果，如图 5-16（b）所示。

说明： PowerPoint 2007 支持的声音文件类型包括 Mp3 音频文件、Wav 声音文件、Wma 媒体播放文件、Midi 文件等。在制作演示文稿过程中，用户可选择这些类型的音频文件插入到幻灯片中。

4）在“声音”选项卡“声音选项”组中，分别选中“放映时隐藏”和“循环播放，直到停止”复选框，单击“播放”组中“预览”命令▶收听播放效果。

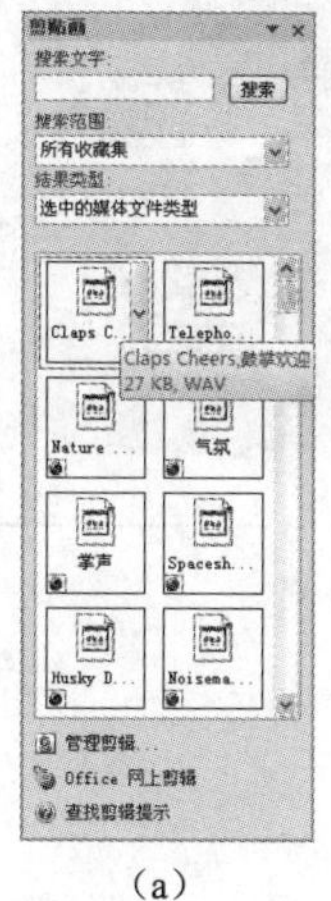

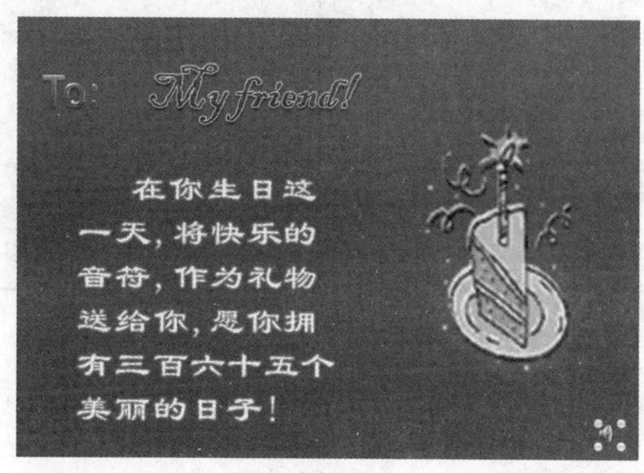

（a）　　（b）

图 5-16　插入声音对象

（a）“剪贴画”任务窗格；（b）插入声音效果

注意： 在默认情况下，添加的声音文件只对当前幻灯片生效。在幻灯片放映时，只有切换到当前幻灯片时音频文件才自动播放，如切换到其他幻灯片时音频文件不再自动播放。

3. 设置幻灯片中对象的格式

（1）设置形状样式。选定“矩形”形状，在“格式”选项卡“形状样式”组中，从“形状样式”列表中选择适于幻灯片主题的“细微效果”，如图 5-17（a）所示，效果如图 5-17（b）所示。

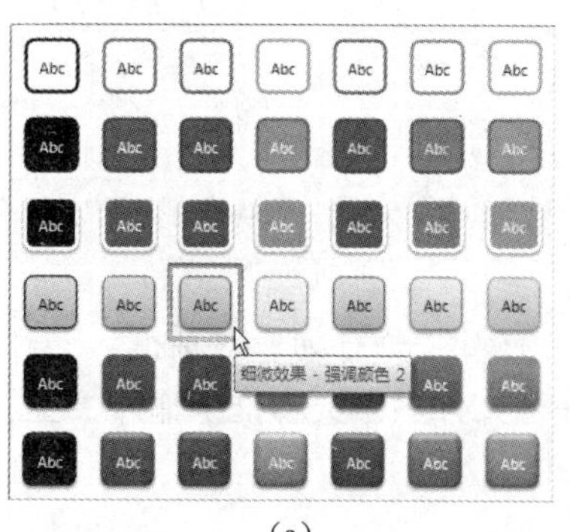

（a）　　（b）

图 5-17　设置形状样式

（a）“形状样式”列表；（b）设置形状样式效果

（2）旋转对象。在“格式”选项卡“排列”组中，单击“旋转”命令，从列表中选择“其他旋转选项”命令，打开“大小和位置”对话框，将“旋转”设置为“－5°”，如图 5-18（a）所示，单击“关闭”按钮，关闭对话框，设置完成效果如图 5-18（b）所示。同样操作，将其他文本对象、图片对象的格式设置为统一旋转角度。

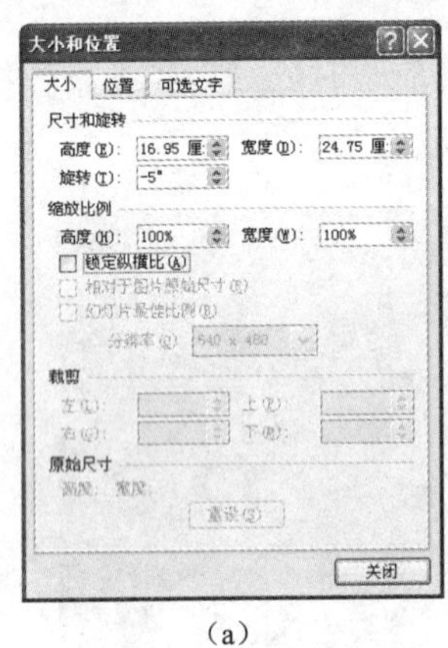

（a）

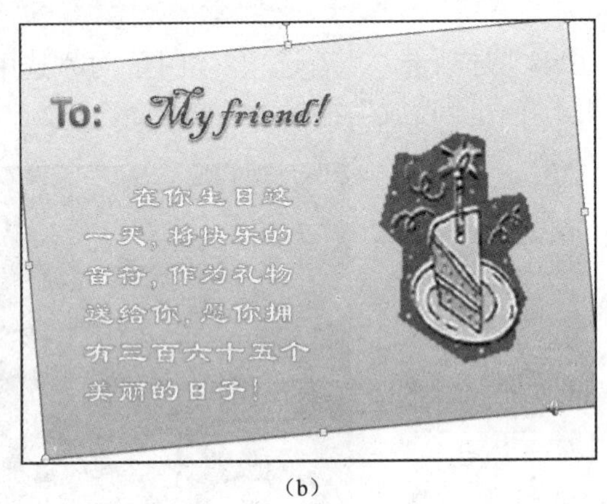

（b）

图 5-18　旋转图形

（a）“大小和设置”对话框；（b）旋转形状效果

提示：选定要旋转的对象，按住鼠标左键，旋转绿色的旋转控制点可完成对图形对象旋转任意角度的操作。旋转多个图形对象与旋转单个图形对象操作方法相同，旋转前只需选定多个要旋转的对象即可。

（3）设置图片样式。选中图片对象，在“格式”选项卡“图片样式”组中，从图片样式列表中选择“简单框架，白色”样式，如图 5-19 所示。

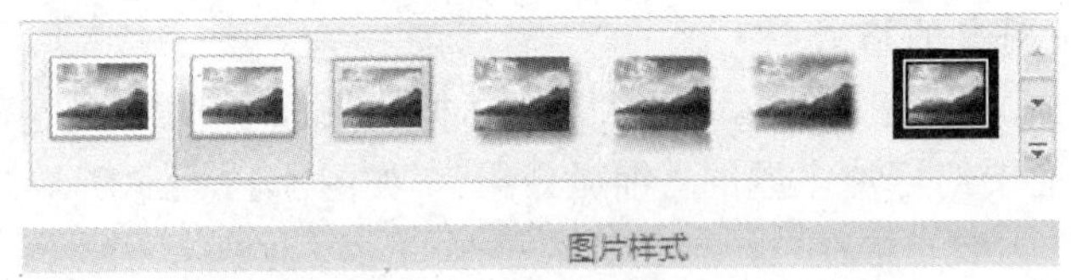

图 5-19　“图片样式”列表

4. 幻灯片的放映与演示文稿的保存

（1）在“幻灯片放映”选项卡“开始放映幻灯片”组中，单击“从头开始”命令，或按“F5”键，放映幻灯片，查看幻灯片效果。

（2）单击“Office”按钮，选择“保存”命令，打开“另存为”对话框。

（3）在“保存位置”列表中选择“我的文档”，在“文件名”文本框中输入“生日贺卡”，“保存类型”为“PowerPoint 演示文稿（*.pptx）”。

（4）单击“保存”按钮。

【实践与提高】

（1）用 PowerPoint 2007 制作“北京欢迎您”演示文稿，如图 5-20 所示。要求：

1）在幻灯片中插入艺术字、图片和声音对象，插入的对象示意如图 5-20（a）所示，包括艺术字对象 3 个，声音对象 1 个，图片对象 6 个，其中一个为背景。

2）合理设置插入对象的格式，使版面美观大方，演示文稿效果如图 5-20（b）所示。

（a）

（b）

图 5-20 “北京欢迎您”演示文稿

（a）演示文稿中的对象示意；（b）演示文稿效果

（2）用 PowerPoint 2007 制作“六一国际儿童节”演示文稿，如图 5-21 所示。要求：

1）在幻灯片中插入艺术字、形状、图片和声音对象，插入的对象示意如图 5-21（a）所示，包括艺术字对象 2 个，形状对象 1 个，声音对象 1 个，图片对象 3 个，其中 1 个为背景。

2）合理设置插入对象的格式，使版面美观大方，演示文稿效果如图 5-21（b）所示。

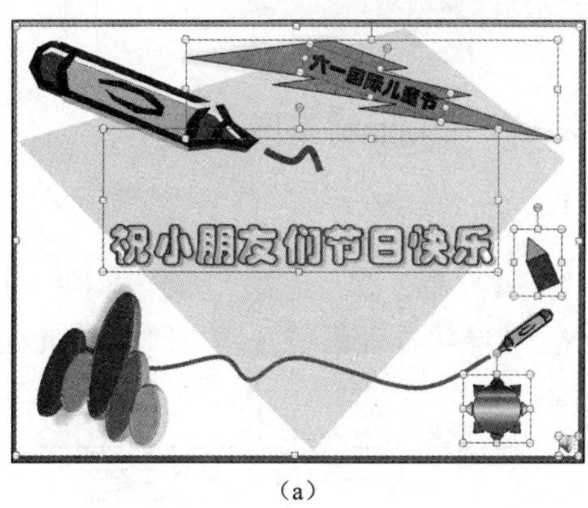

（a）

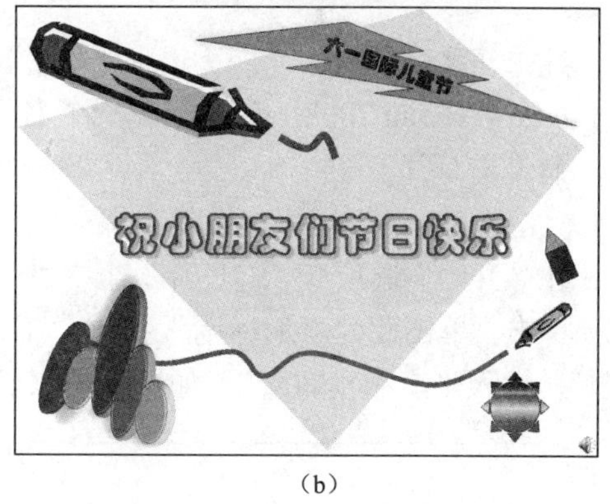

（b）

图 5-21 “六一国际儿童节”演示文稿

（a）演示文稿中对象示意；（b）演示文稿效果

实训 5.3　PowerPoint 2007 幻灯片中表格和图表对象的操作

【知识要点】

表格；图表；SmartArt 图形。

【实训目的与要求】

（1）掌握在幻灯片中插入表格和设置表格格式的操作方法。

（2）掌握在幻灯片中插入、编辑和美化图表的操作方法。

（3）掌握在幻灯片中插入和编辑 SmartArt 图形的方法。

【实训内容与步骤】

用 PowerPoint 2007 制作“产品发布会”演示文稿，效果如图 5-22 所示。

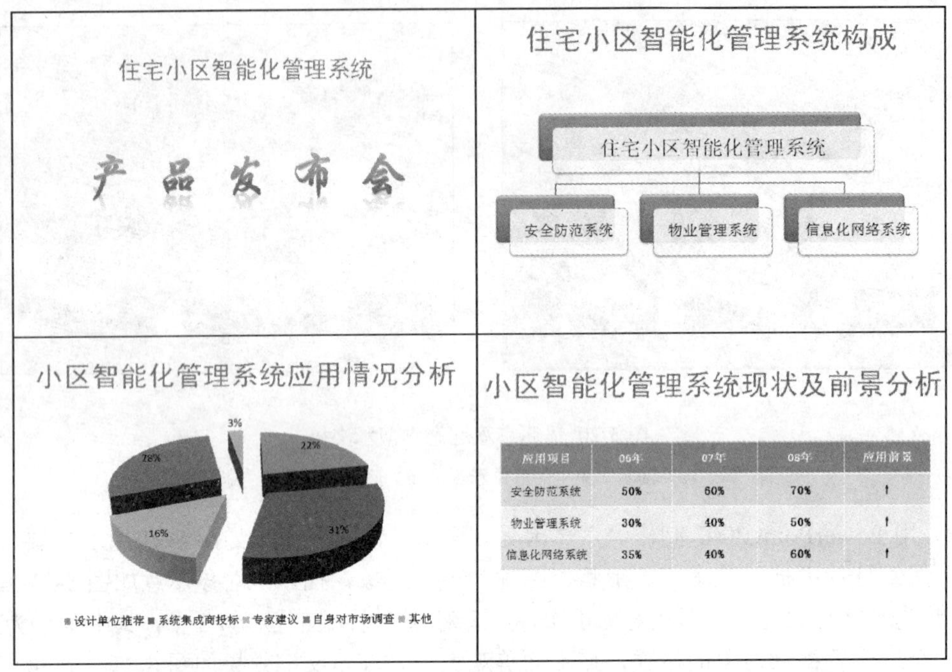

图 5-22 “产品发布会”演示文稿效果

1. 建立演示文稿

启动 PowerPoint 2007，自动创建一个名为“演示文稿 1.pptx”的文档文件。

2. 制作幻灯片

（1）制作第 1 张幻灯片。操作步骤如下：

1）在“开始”选项卡“幻灯片”组中，单击“版式”命令，选择“标题幻灯片”版式。

2）单击“单击此处添加标题”，输入“住宅小区智能化管理系统”；单击“单击此处添加副标题”，输入“产品发布会”，如图 5-23（a）所示。

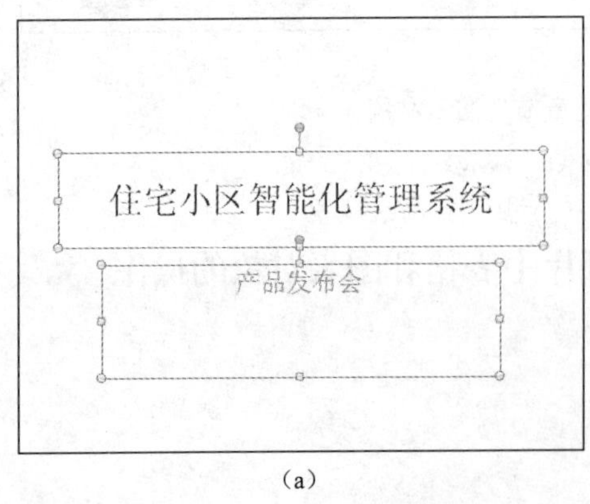

（a）

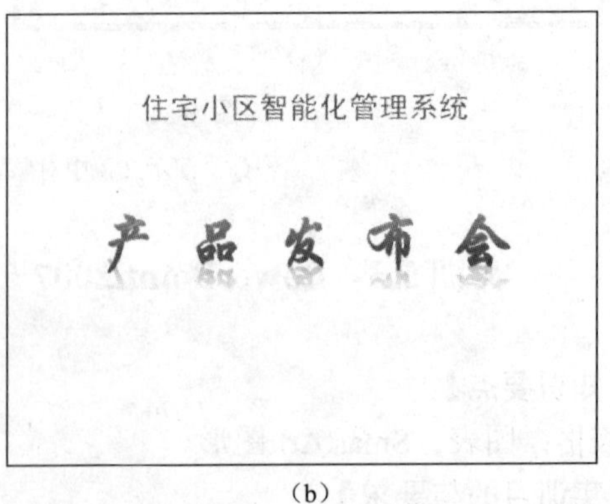

（b）

图 5-23 制作第 1 张幻灯片

（a）输入文字；（b）幻灯片效果

3）选定“住宅小区智能化管理系统”文本框，设置字符格式为“黑体、36 磅、蓝色”；选定“产品发布会”文本框，设置字符格式为“华文行楷、72 磅、蓝色”，设置艺术字效果，如图 5-23（b）所示。

（2）制作第 2 张幻灯片。操作步骤如下：

1）在“开始”选项卡“幻灯片”组中，单击“新建幻灯片”命令，从列表中选择“标题和内容”版式，插入第 2 张幻灯片。

2）单击“单击此处添加标题”，输入“住宅小区智能化管理系统构成”，设置字符格式为“黑体、44 磅、蓝色”。

3）单击“项目占位符”中的“插入 SmartArt 图形”图标，如图 5-24（a）所示，打开“选择 SmartArt 图形”对话框，选择“层次结构”类中的 SmartArt 图形，单击“确定”按钮，如图 5-24（b）所示。

（a）

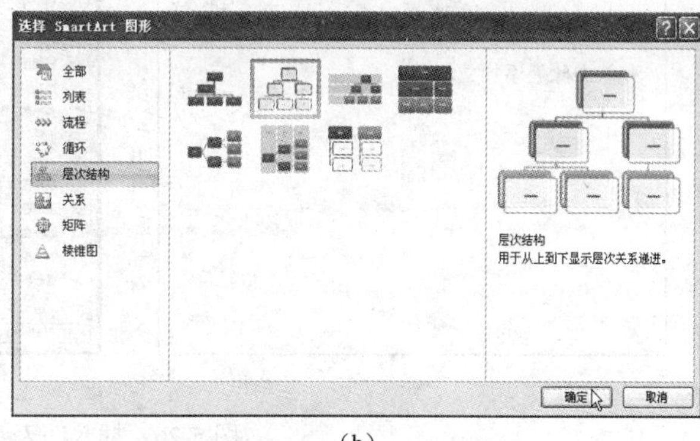

（b）

图 5-24　插入 SmartArt 图形对象

（a）插入 SmartArt 图形；（b）“选择 SmartArt 图形”对话框

4）选定插入的 SmartArt 图形，在 SmartArt 工具“设计”选项卡“创建图形”组中，单击“添加形状”命令，添加形状；选定形状，按“Delete”键删除形状，设计成包含 2 个层次结构的 SmartArt 图形。

5）依次输入各形状对象中的文字，如图 5-25（a）所示，将上层文字设置为“宋体、32 磅”，下层文字设置为“宋体、23 磅”。

6）选定插入的 SmartArt 图形，在 SmartArt 工具“设计”选项卡“SmartArt 样式”组中，从列表中选择“强烈效果”样式，如图 5-25（b）所示。

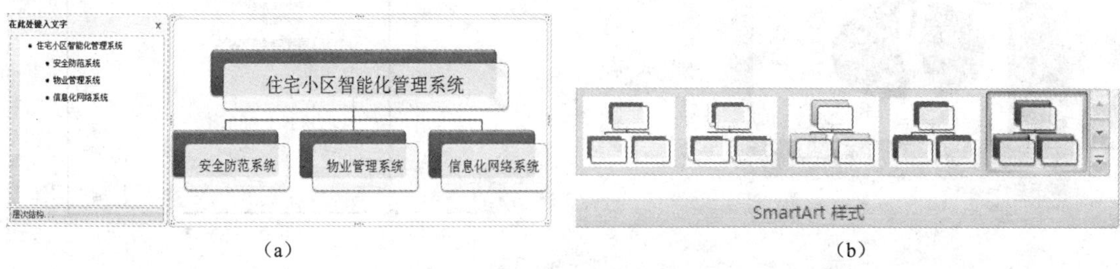

（a）　（b）

图 5-25　设置 SmartArt 图形

（a）输入 SmartArt 图形中的文字；（b）设置 SmartArt 图形的样式

说明：SmartArt 图形中的每个形状都是相对独立的形状对象，都具有形状对象的特点，可对单个对象进行旋转、调整大小等操作。

（3）制作第 3 张幻灯片。操作步骤如下：

1）在“开始”选项卡“幻灯片”组中，单击“新建幻灯片”命令，选择“标题和内容”版式，插入第 3 张幻灯片。

2）单击“单击此处添加标题”，输入“小区智能化管理系统应用情况分析”，设置字符格式为“黑体、44 磅、蓝色”。

3）单击“项目占位符”中的“插入图表”图标，如图 5-26（a）所示，打开“插入图表”对话框，如图 5-26（b）所示，选择“饼图”类中的“分离型三维饼图”图表。

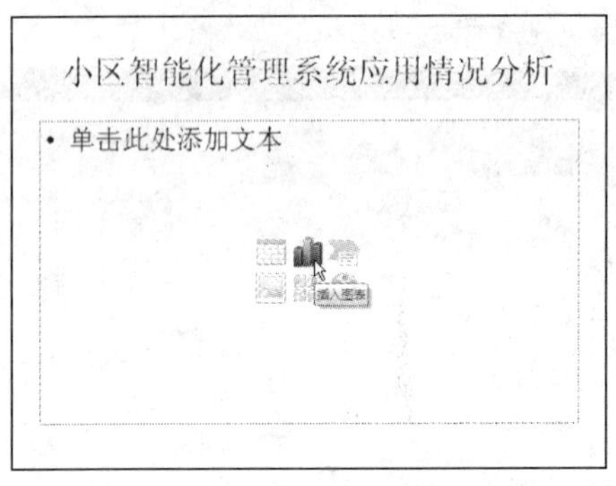

（a）

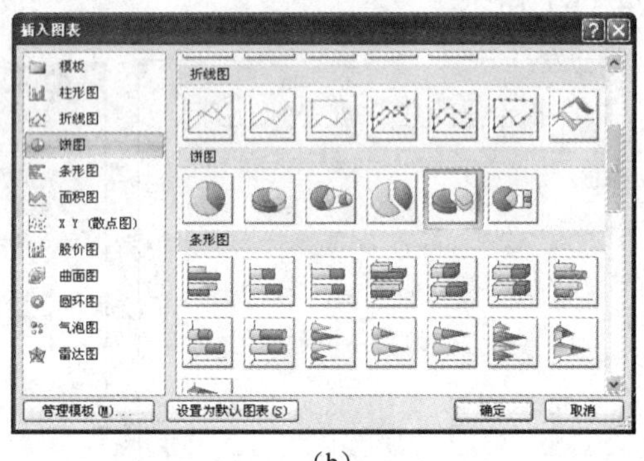

（b）

图 5-26 插入图表对象

（a）输入图表；（b）“插入图表”对话框

4）单击“确定”按钮，系统自动启动 Excel 应用程序，并在幻灯片中插入图表。在 Excel 电子表格中编辑数据，图表自动更新，如图 5-27（a）所示。关闭 Excel 应用程序窗口，返回 PowerPoint 程序窗口。

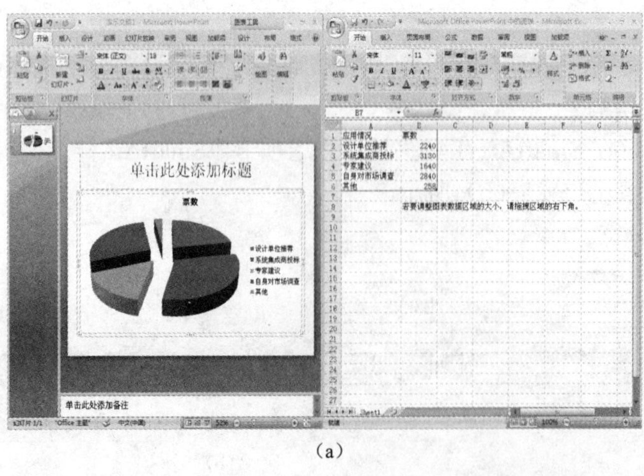

（a）

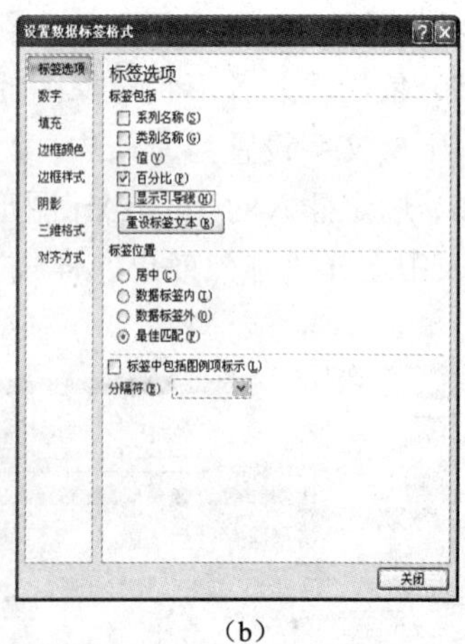

（b）

图 5-27 插入图表对象

（a）编辑图表数据；（b）“设置数据标签格式”对话框

5）选定图表，在“布局”选项卡“标签”组中，单击“图表标题”命令，从列表中选择“无”；单击“图例”命令，从列表中选择“在底部显示图例”；单击“数据标签”命令，从列表中选择“其他数据标签选项”，打开“设置数据标签格式”对话框，选中“百分比”复选框和“最佳匹配”单选按钮，单击“关闭”按钮，如图 5-27（b）所示。

说明：插入图表后，如需修改图表中的数据，可在“设计”选项卡“数据”组中，单击“编辑数据”命令，启动 Excel 应用程序，编辑电子表格。

（4）制作第 4 张幻灯片。操作步骤如下：

1）在“开始”选项卡“幻灯片”组中，单击“新建幻灯片”命令，选择“标题和内容”版式，插入第 4 张幻灯片。

2）单击“单击此处添加标题”，输入“小区智能化管理系统现状及前景分析”，设置字符格式为“黑体、44 磅、蓝色”。

3）单击“项目占位符”中的“插入表格”图标，如图 5-28（a）所示，打开“插入表格”对话框，如图 5-28（b）所示，设置列数为“5”，行数为“4”，单击“确定”按钮。

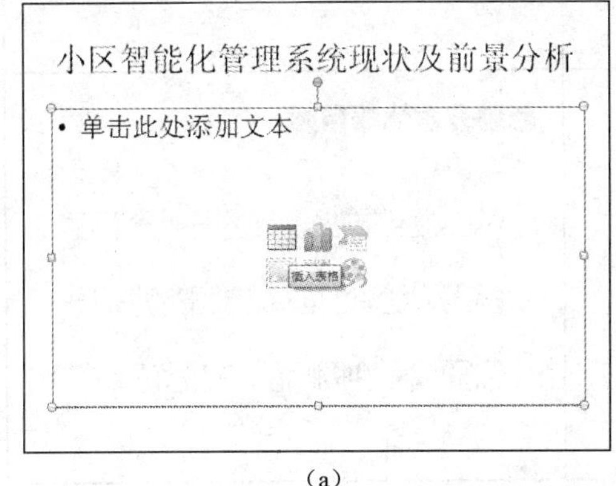

（a）

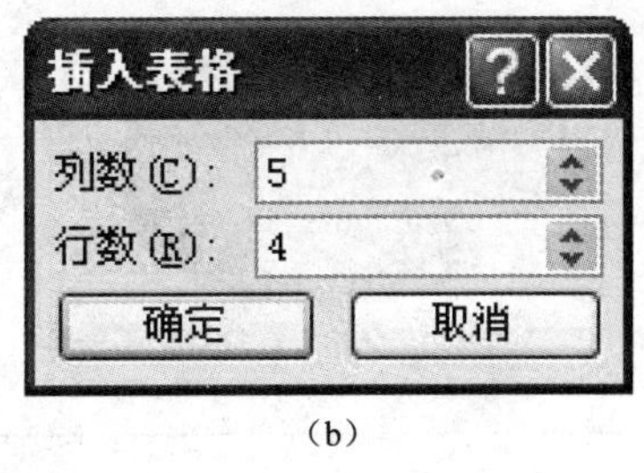

（b）

图 5-28　插入图表对象

（a）插入表格；（b）“插入表格”对话框

4）输入表格中的文本内容，设置表头字符格式为“宋体、加粗、18 磅、白色”；设置表内字符格式为“宋体、18 磅、黑色”，数字格式为“加粗”。

注意：与 Excel 表格操作类似，PowerPoint 2007 中的表格也可以进行选择、移动、调整大小及删除等操作。但受幻灯片编辑窗口显示范围所限，不适合插入行数、列数太多的表格。

3. 幻灯片的放映和演示文稿的保存

（1）在“幻灯片放映”选项卡“开始放映幻灯片”组中，单击“从头开始”命令，或按“F5”键，放映幻灯片，查看幻灯片效果。

（2）单击“Office”按钮，选择“保存”命令，打开“另存为”对话框。

（3）在“保存位置”列表中选择“我的文档”，在“文件名”文本框中输入“产品发布会”，

“保存类型”为“PowerPoint 演示文稿（*.pptx）”。

（4）单击“保存”按钮。

【实践与提高】

（1）用 PowerPoint 2007 制作“西部开发战略”演示文稿，效果如图 5-29 所示。要求：

1）第 1 张幻灯片版式为“标题幻灯片”，标题字符格式为“华文琥珀、60 磅”，设置艺术字效果；插入 3 个图片对象，设置图片样式。

2）第 2、3、4 张幻灯片版式为“标题和内容”，标题字符格式为“华文琥珀、40 磅”，设置艺术字效果；第 2、3 张幻灯片中分别插入柱形图和饼图；第 4 张幻灯片中插入文本框，字符格式为“华文彩云，40 磅”。

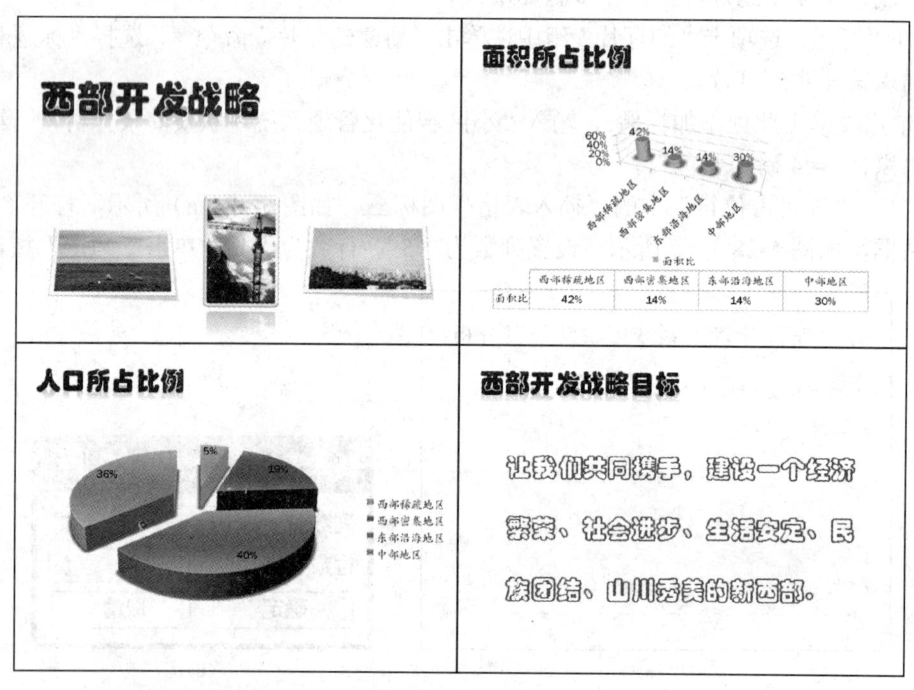

图 5-29 “西部开发战略”演示文稿效果

（2）用 PowerPoint 2007 制作“公司组织机构及销售业务流程”演示文稿，效果如图 5-30 所示。要求：

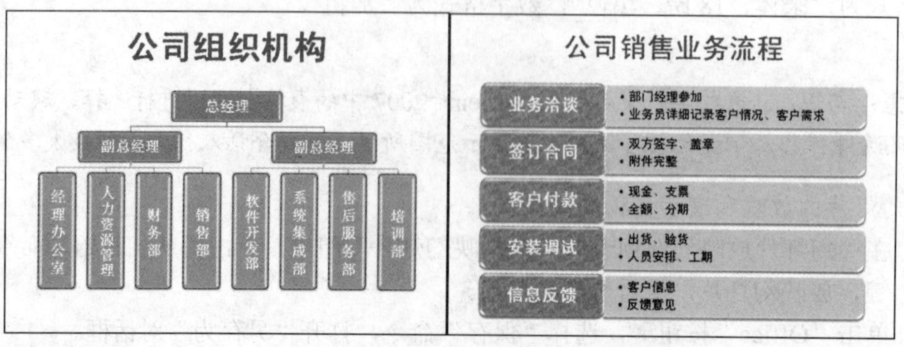

图 5-30 “公司组织机构及销售业务流程”演示文稿效果

1）设置幻灯片主题为“暗香扑面”，幻灯片版式为“标题和内容”，标题字符格式为“黑体、加粗、44 磅、蓝-灰色”。

2）在第 1 张幻灯片中插入 SmartArt 对象制作“公司组织机构”，结构为“层次结构-层次结构”，样式为“卡通”，颜色为“透明渐变”，“总经理”字符格式为“黑体、24 磅”，其余字符格式为“宋体、24 磅、加粗”。

3）在第 2 张幻灯片中插入 SmartArt 对象制作“公司销售业务流程”，结构为“流程-垂直块列表”，样式为“优雅”，颜色为“彩色填充”，左侧文字字符格式为“黑体、28 磅、加粗”，其余字符格式为“黑体、20 磅”。

实训 5.4　PowerPoint 2007 幻灯片的美化、放映与发布

【知识要点】

主题；背景；母版；超链接；动画；幻灯片切换；放映；发布。

【实训目的与要求】

（1）掌握幻灯片中主题、背景和母版的使用。

（2）掌握动作按钮和超级链接的设置方法。

（3）掌握幻灯片中对象动画和幻灯片切换的设置方法。

（4）了解演示文稿的发布方法。

【实训内容与步骤】

用 PowerPoint 2007 制作“世界环境日”演示文稿，效果如图 5-31 所示。

1. 建立演示文稿

启动 PowerPoint 2007，自动创建一个名为“演示文稿 1.pptx”的文档文件。

2. 制作幻灯片

（1）制作第 1 张幻灯片。操作步骤如下：

1）在“开始”选项卡“幻灯片”组中，单击“版式”命令，选择“标题幻灯片”版式。

2）单击“单击此处添加标题”，输入“爱护我们的家园”；单击“单击此处添加副标题”，输入“世界环境宣传日　6 月 5 日”。

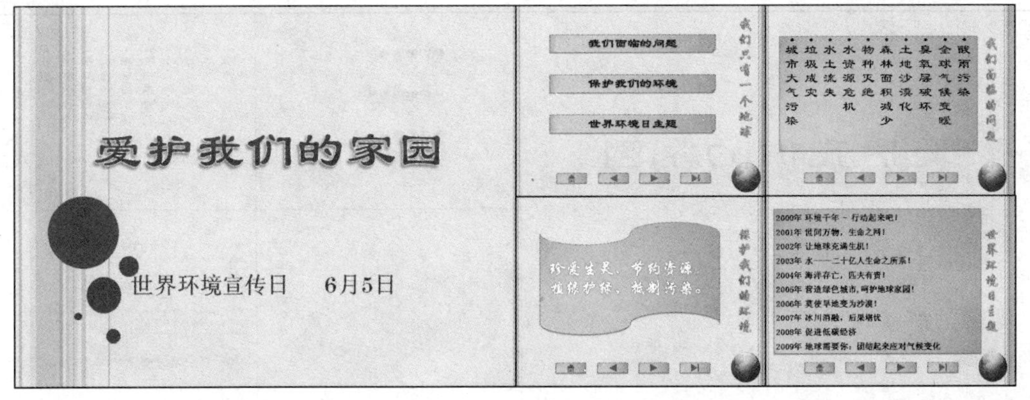

图 5-31　“世界环境日”演示文稿效果

3）在“开始”选项卡“字体”组中，设置标题字符格式为“隶书、72 磅、加粗、阴影”；在绘图工具“格式”选项卡“艺术字样式”组中，设置艺术字效果。同样操作，设置副标题字符格式为“宋体、32 磅”。

（2）制作第 2 张幻灯片。操作步骤如下：

1）在“开始”选项卡“幻灯片”组中，单击“新建幻灯片”命令，从列表中选择“空白”版式，插入第 2 张幻灯片。

2）在“插入”选项卡“文本”组中，单击“文本框”命令，从列表中选择“垂直文本框”，在幻灯片中绘制文本框，输入“我们只有一个地球”，设置字符格式为“华文行楷、40 磅、阴影”，设置艺术字效果。

3）在“插入”选项卡“插图”组中，单击“形状”命令，从列表中选择“基本形状-折角形”，在幻灯片中绘制 3 个形状，右击形状，选择“编辑文字”命令，分别输入“我们面临的问题”、“保护我们的环境”、“世界环境日主题”，设置字符格式为“隶书、36 磅、加粗、阴影”，设置艺术字效果。

4）选定形状对象，在绘图工具“格式”选项卡“形状样式”组中，从形状样式列表中选择“细微效果”。

（3）制作第 3、4、5 张幻灯片。操作步骤如下：

1）在“开始”选项卡“幻灯片”组中，单击“新建幻灯片”命令，从列表中选择“空白”版式，插入第 3 张幻灯片。

2）在“插入”选项卡“文本”组中，单击“文本框”命令，从列表中选择“垂直文本框”，在幻灯片中绘制文本框，输入“我们面临的问题”，设置字符格式为“华文行楷、40 磅、阴影”，设置艺术字效果。

3）在“插入”选项卡“文本”组中，单击“文本框”命令，从列表中选择“垂直文本框”，在幻灯片中绘制文本框，编辑文字。在绘图工具“开始”选项卡“段落”组中，单击“项目符号”命令，设置项目符号为“●”。设置字符格式为“隶书、40 磅”。

4）选定文本框对象，在绘图工具“格式”选项卡“形状样式”组中，从形状样式列表中选择“细微效果”。

5）参照步骤 1）～4）操作方法，制作第 4、5 张幻灯片，第 1～5 张幻灯片效果如图 5-32 所示。

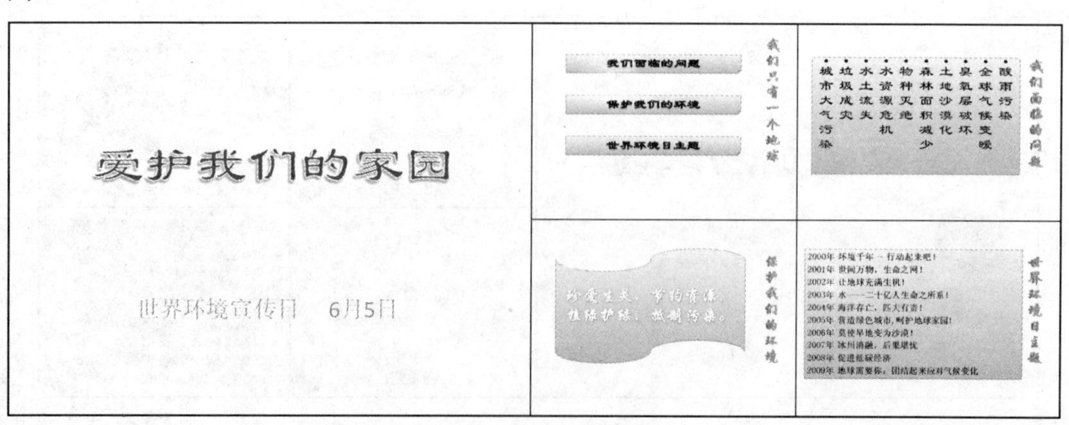

图 5-32　制作幻灯片效果

提示：在制作版式相似幻灯片时，可采用复制幻灯片方法提高制作速度，复制幻灯片后进行简单的编辑操作就可完成新幻灯片的制作，操作方法与文本复制操作相同。

3. 设置幻灯片主题与背景

（1）应用主题。操作步骤如下：

1）在“设计”选项卡“主题”组中，从主题列表中选择“凸显”主题，如图 5-33（a）所示。

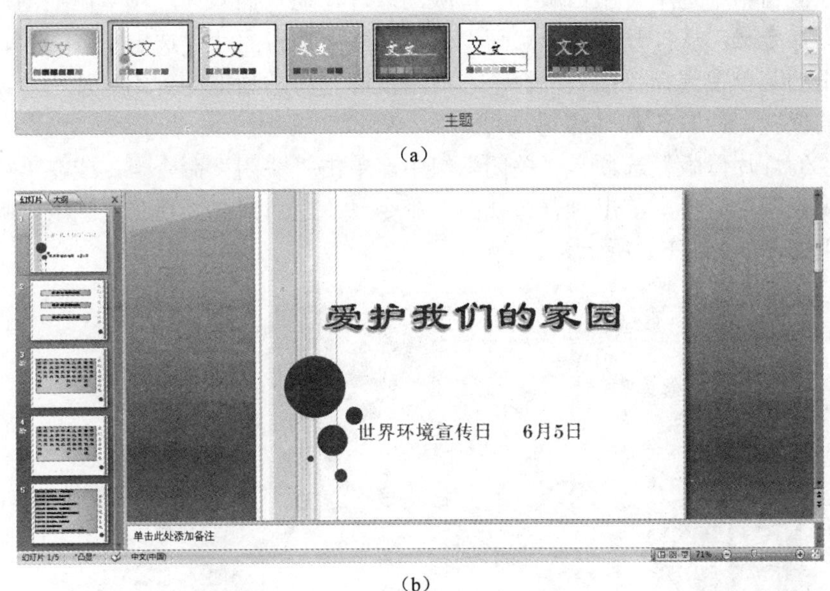

（a）

（b）

图 5-33　应用主题

（a）“主题”组；（b）应用主题效果

2）在“设计”选项卡“主题”组中，单击“主题颜色”命令，从列表中选择“流畅”，效果如图 5-33（b）所示。

（2）应用背景。在“设计”选项卡“背景”组中，单击“背景样式”命令，从列表中选择“样式 10”，应用背景效果如图 5-34 所示。

图 5-34　应用背景效果

提示：在幻灯片中应用一种主题后，单击“设计”选项卡“主题”组中的“主题颜色”、“主题字体”和“主题效果”命令，可以进一步设置主题的颜色、字体和效果。

4. 应用母版统一幻灯片风格

（1）在“视图”选项卡“演示文稿视图”组中，单击“幻灯片母版”命令，打开幻灯片母版视图。

（2）从左侧窗格中选中“空白版式”母版幻灯片，在“插入”选项卡“插图”组中，单击“剪贴画”命令，从打开的“剪贴画”任务窗格中搜索图片，选定一张图片，单击右侧箭头，从弹出的菜单中选择“插入”命令，或用鼠标将剪贴画拖动到幻灯片中，调整其大小及在母版中的位置，如图 5-35（a）所示。

（3）在“幻灯片母版”选项卡“关闭”组中，单击“关闭”命令，或在“视图”选项卡“演示文稿视图”组中，单击“普通视图”命令，返回到普通视图，应用母版统一幻灯片风格后效果如图 5-35（b）所示。

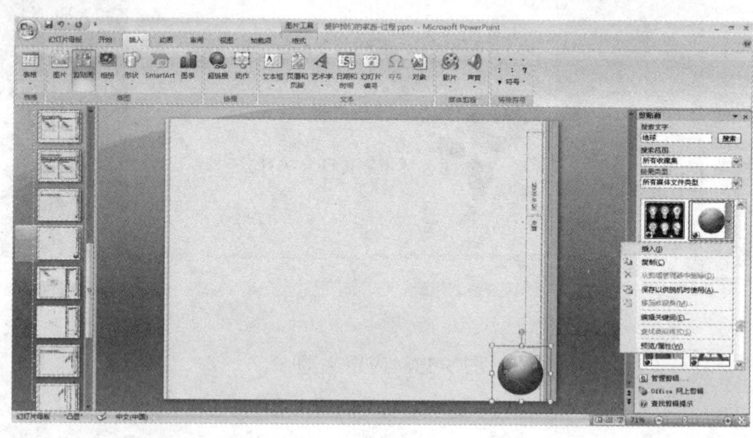

（a）

（b）

图 5-35　应用母版

（a）在幻灯片母版视图下插入剪贴画；（b）应用母版效果

注意：应用幻灯片母版可以统一幻灯片风格，但幻灯片母版的设计只能应用于选定版式的幻灯片，对其他版式的幻灯片无效。除幻灯片母版外，用户还可以对讲议母版、备注母版进行编辑和格式化，保证幻灯片的风格一致，提高幻灯片制作的速度和质量。

5. 设置动作按钮和超链接

（1）在第 2 张幻灯片中，单击“插入”选项卡“插图”组中的“形状”命令，从列表中选择“动作按钮：第一张”。

（2）将鼠标移到幻灯片编辑窗口，当光标指针变为“十”形状时，按下鼠标左键拖动绘制动作按钮，释放鼠标时，系统自动打开“动作设置”对话框，如图 5-36（a）所示。

（3）在“单击鼠标”选项卡“单击鼠标时的动作”栏中，选中“超链接到”单选项，从列表中选择“幻灯片”，打开“超链接到幻灯片”对话框，选择“幻灯片 2”，单击“确定”按钮，如图 5-36（b）所示。

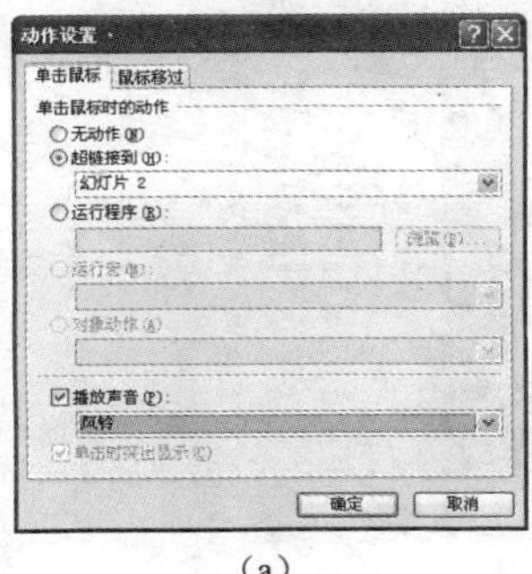

（a）

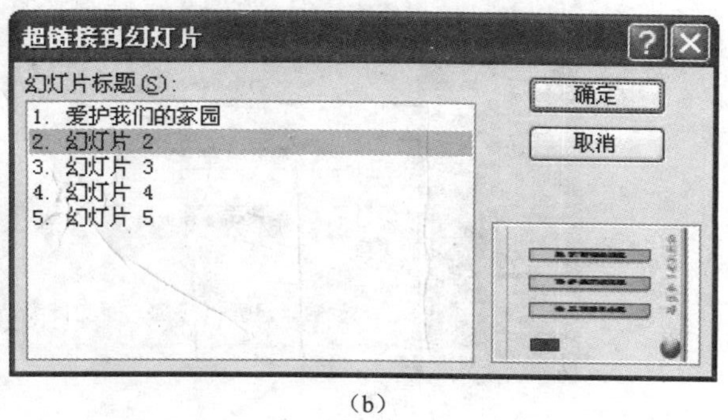

（b）

图 5-36 设置动作按钮的超链接

（a）“动作设置”对话框；（b）“超链接到幻灯片”对话框

（4）单击“插入”选项卡“插图”组中的“形状”命令，从“动作按钮”列表中依次选择“动作按钮：开始”、“动作按钮：结束”、“动作按钮：后退或前一项”和“动作按钮：前进或后一项”；在幻灯片上绘制图形，分别设置动作按钮超链到第 2 张幻灯片、前一页、后一页和最后一张幻灯片。

（5）按步骤（1）～（4），在第 3～5 张幻灯片中添加动作按钮，设置超链接，添加效果如图 5-37 所示。

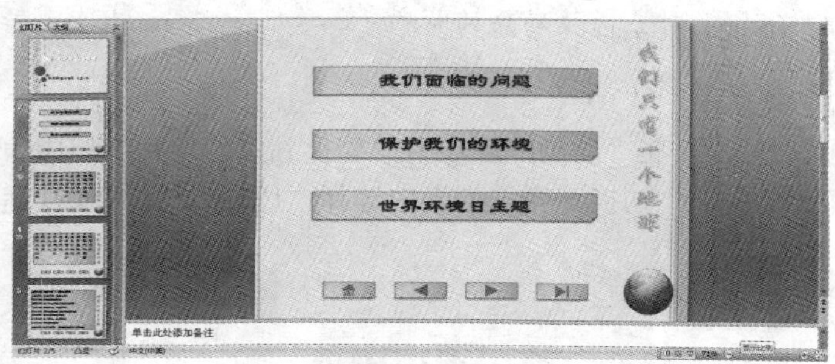

图 5-37 添加动作按钮效果

（6）放映灯灯片，单击动作按钮，查看超链接效果。

提示：在幻灯片中，选定任一对象，单击“插入”选项卡“链接”组中的“超链接”或“动作”命令，打开“编辑超链接”或“动作设置”对话框，可设置选定对象的超链接。此外，在编辑超链接过程中，还可为超链接添加声音。

6. 设置动画效果

（1）在第 2 张幻灯片中，单击“动画”选项卡“动画”组中的“自定义动画”命令，打开“自定义动画”任务窗格，选中“我们面临的问题”形状对象，单击“添加效果”按钮，从列表中选择“进入→飞入”选项，从“开始”列表中选择“单击时”；从“方向”列表中选择“自底部”；从“速度”列表中选择“中速”，即修改动画属性为“单击时从底部中速飞入”，设置动画如图 5-38 所示。

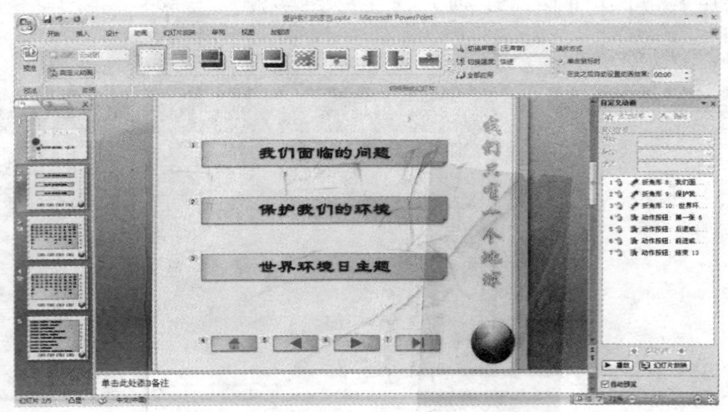

图 5-38　设置动画

（2）同样操作方法，设置“保护我们的环境”、“世界环境日主题”形状对象动画效果。

（3）同时选中 4 个动作按钮，单击“添加效果”按钮，从列表中选择“百叶窗”，修改动画属性为“单击时水平百叶窗中速打开”。

（4）按步骤（1）～（3）分别设置第 3～4 张幻灯片动画效果。

（5）放映灯片，查看动画效果。

提示：在幻灯片“自定义动画”任务窗格中，选定对象动画设置，单击“向上”、“向下”重新排序按钮，可调整对象播放动画的顺序。

7. 设置幻灯片切换效果

（1）选择第 1 张幻灯片，在“动画”选项卡“切换到此幻灯片”组中，从“切换效果”列表中选择“平滑淡出”；从“切换声音”列表中选择“风铃”；从“切换速度”列表中选择“慢速”，如图 5-39 所示。

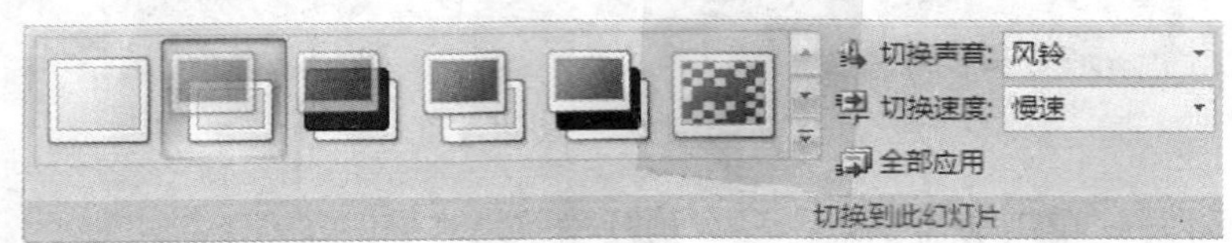

图 5-39 “切换到此幻灯片”组

（2）按步骤（1）操作方法设置其他幻灯片的切换效果。第 2 张切换方式为“纵向棋盘式”；第 3 张切换方式为“向下擦除”；第 4 张切换方式为“顺时间回旋，1 根轮辐”；第 5 张切换方式为“向下推进”，速度均为“慢速”。

（3）放映幻灯片，查看动画效果。

注意：若幻灯片中应用较复杂的动画效果，“切换速度”尽量不要选择“快速”选项，否则有可能导致动画在放映时出现停顿。

8. 演示文稿的发布

（1）在幻灯片普通视图中，单击“Office”按钮，选择“另存为”命令，打开“另存为”对话框，在“保存位置”下拉列表框中选择文档的保存位置，文件名为“世界环境日”，在“保存类型”下拉列表中选择“网页”选项。单击“发布”按钮，打开“发布为网页”对话框中，取消“显示演讲者备注”复选框，其他选项为默认设置，如图 5-40（a）所示。

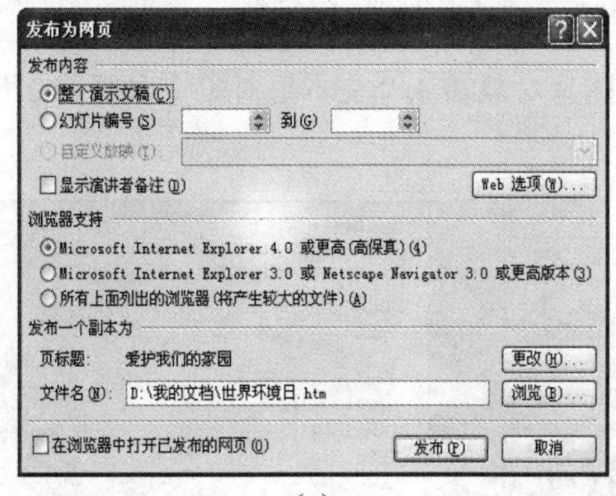

（a）

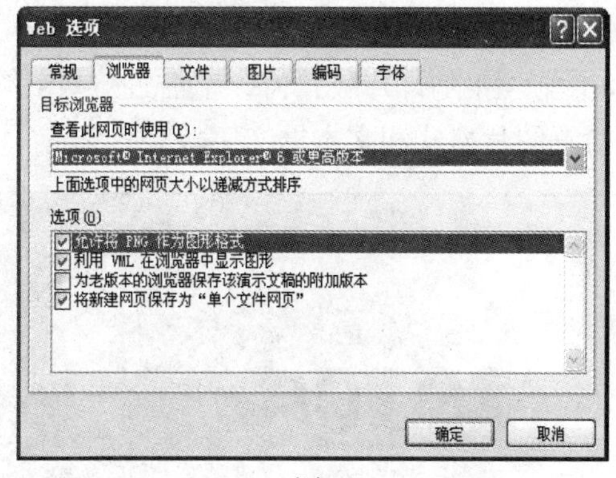

（b）

图 5-40　演示文稿的发布

（a）“发布为网页”对话框；（b）“Web 选项”对话框

（2）单击“Web 选项”按钮，打开“Web 选项”对话框中，在“浏览器”选项卡中，从“查看此网页时使用”列表中选择“Microsoft Internet Explorer 6 或更高版本”，在“选项”中选中“允许将 PNG 作为图形格式”和“利用 VML 在浏览器中显示图形”复选框，如图 5-40（b）所示，单击“确定”按钮，返回到“发布为网页”对话框。

（3）在“发布为网页”对话框中，单击“更改”按钮，打开“设置页标题”对话框，在“页标题”文本框中输入“世界环境日”，单击“确定”按钮返回到当前对话框。

（4）在“发布为网页”对话框中，单击“发布”按钮，演示文稿以网页文件格式保存，文件扩展名为“*.htm”，图标为。

（5）在保存文件的目录中，双击“世界环境日.htm”文件，演示文稿以网页形式在 IE 浏览器中显示，效果如图 5-41 所示。

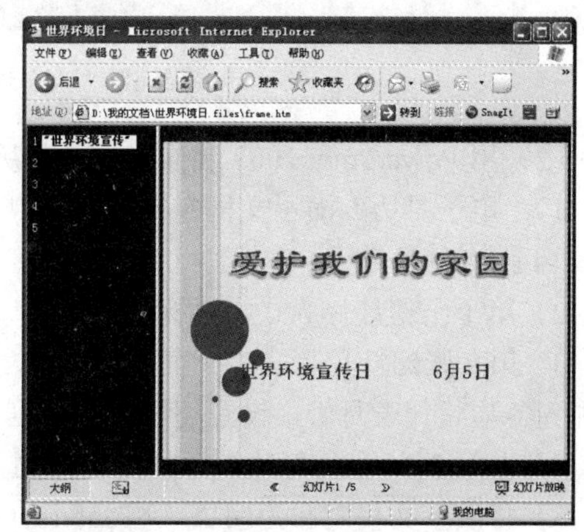

图 5-41　在 IE 中浏览幻灯片

说明：在演示文稿发布时，设置“Web选项”选择IE浏览器的版本越高越能表现出幻灯片原有的动画和切换效果。

【实践与提高】

（1）用 PowerPoint 2007 制作“上海世博会”演示文稿，效果如图 5-42 所示。要求：

1）“上海世博会”演示文稿包括 3 张幻灯片，设置主题为“顶峰”、背景为“样式九”，应用于所有幻灯片。

2）第 1 张幻灯片版式为“标题幻灯片”，标题字符格式为“微软雅黑、72 磅”，设置艺术字效果，副标题字符格式为“黑体、44 磅”，设置艺术字效果。

3）第 2 张幻灯片版式为“空白”，包括 3 个形状对象和 3 个文本框对象。形状对象字符格式为“华文隶书、28 磅”，设置艺术字效果和形状效果；文本框对象字符格式为“黑体，20 磅”。

4）第 3 张幻灯片版式为“空白”，包括 2 个图片对象和 3 个文本框对象，参照前 2 张幻灯片设置图片格式和文本框文字效果。

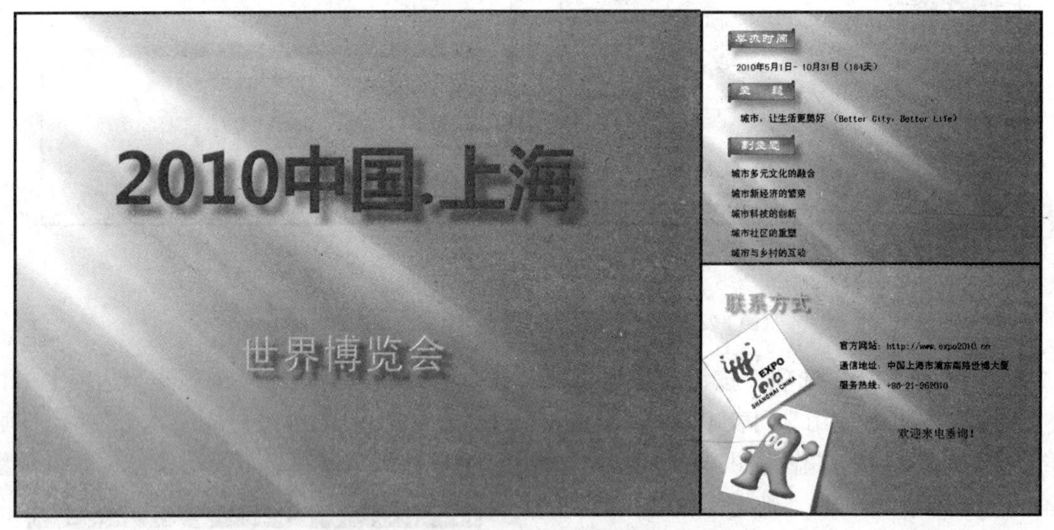

图 5-42　“上海世博会”演示文稿效果

（2）用 PowerPoint 2007 制作“电子月历”演示文稿，效果如图 5-43 所示。要求：

1）“电子月历”演示文稿包括 14 张幻灯片，其中第 1 张为封皮，第 2 张为月份链接页，第 3-14 张为各月月历。

2）第 1 张幻灯片版式为“标题幻灯片”。

3）第 2 张幻灯片版式为“空白”，插入“关系-基本射线”SmartArt 图形，将数字“1-12”添加到各形状代表月份，设置超链接分别到第 3-14 张幻灯片相应的月历上。

4）在第 3-14 张幻灯片上添加动作按钮，实现幻灯片间的跳转。

5）将演示文稿发布为网页，在 Internet 中浏览演示文稿。

6）幻灯片对象、动画及切换效果设置以美观大方为宜，此处不再统一要求。

说明：制作“电子月历”演示文稿可以通过应用日历模板实现，单击“Office”按钮，选择“新建”命令，打开“新建演示文稿”对话框，选择“日历”模板，即可创建具有一定格式的电子月历。

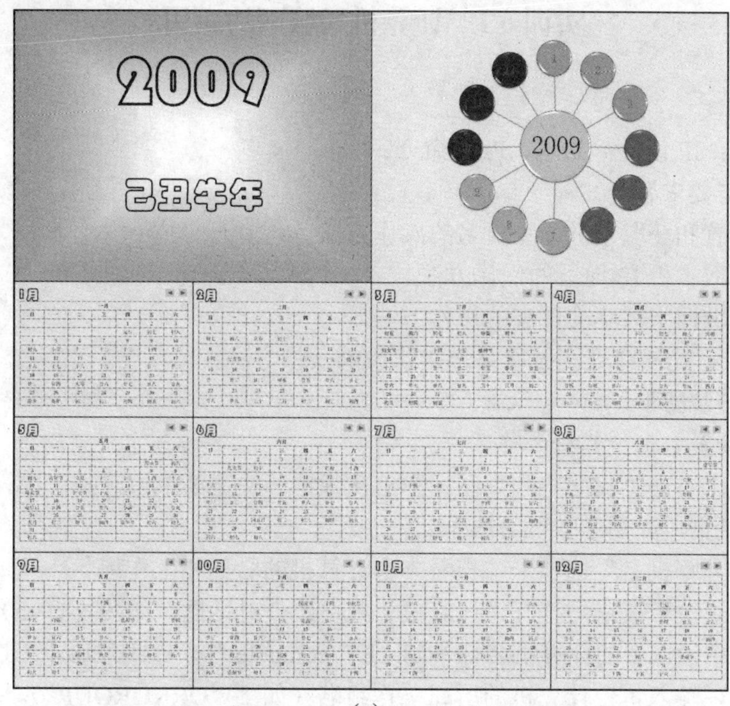

（a）

（b）

图 5-43　“电子月历”演示文稿效果

（a）“电子月历”演示文稿效果；（b）在 IE 浏览器中的浏览效果

第 6 章

计 算 机 网 络

实训 6.1　计算机局域网的应用

【知识要点】

计算机名称；IP 地址；共享；Ping 命令。

【实训目的与要求】

（1）掌握设置和获取本机计算机名的操作方法。

（2）掌握获取本机 IP 地址的操作方法。

（3）掌握局域网中共享文件夹的操作方法。

（4）掌握使用 Ping 命令测试网络连接状态的操作方法。

【实训内容与步骤】

1. 获取和设置本机计算机名称

（1）在桌面上右击“我的电脑”图标，从弹出的快捷菜单中选择“属性”命令，打开“系统属性”对话框，如图 6-1（a）所示。

（2）单击“计算机名”选项卡，查看本台计算机的名称和工作组。

（3）单击“更改”按钮，打开“计算机名称更改”对话框，如图 6-1（b）所示，在“计算机名”文本框中输入新的计算机名称（如“LY_computer”），在“隶属于”选项中选定“工作组”单选按钮，输入本台计算机的所属工作组名（如“WORKGROUP”）。

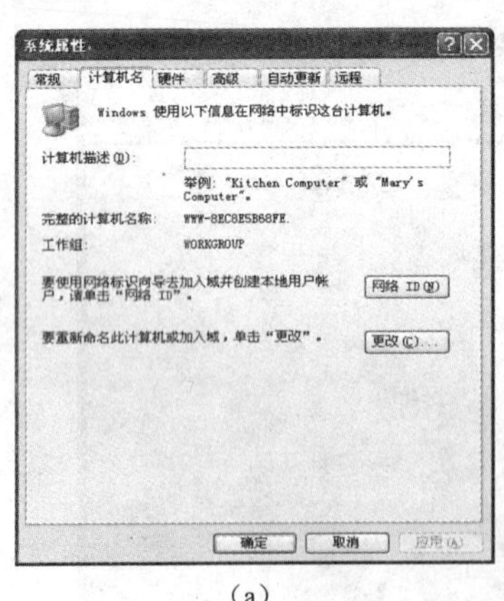

（a）

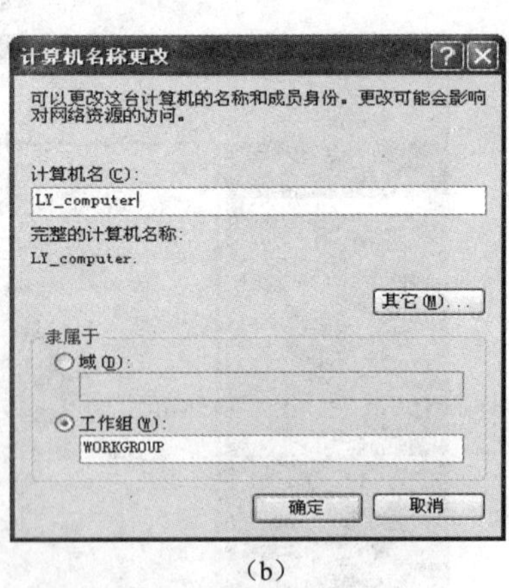

（b）

图 6-1　获取和设置本机的计算机名称

（a）“系统属性”对话框；（b）“计算机名称更改”对话框

2. 查看本机 IP 地址和 DNS 服务器地址

（1）在桌面上右击“网上邻居”图标，从弹出的快捷菜单中选择“属性”命令，打开“网络连接”窗口，选中“本地连接”，右击鼠标，弹出快捷菜单，如图 6-2（a）所示。

（2）从快捷菜单中选择“属性”命令，打开“本地连接属性”对话框，如图 6-2（b）所示。

（3）在“常规”选项卡中，选中“Internet 协议（TCP/IP）”复选框，单击“属性”按钮，打开“Internet 协议（TCP/IP）属性”对话框，查看本机 “IP 地址”、“子网掩码”、“默认网关地址”和“DNS 服务器地址”，如图 6-2（c）所示。

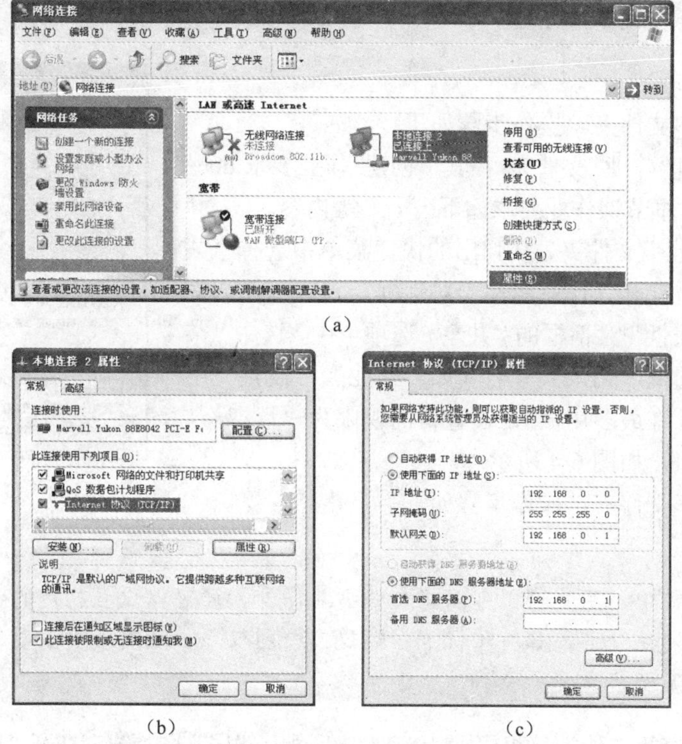

（a）

（b） （c）

图 6-2 查看本机的 IP 地址和 DNS 服务器地址

（a）“网络连接”对话框；（b）“本地连接属性”对话框；（c）“Internet 属性（TCP/IP）属性”对话框

3. 使用 Ping 命令测试网络连接状态

（1）单击“开始”按钮，选择“运行”命令，打开“运行”对话框，如图 6-3（a）所示。

（2）在“运行”对话框中，输入：ping 网关地址（如“ping 192.168.3.254”），单击“确定”按钮，运行结果为“Reply from 192.168.3.254: bytes=32 time<10ms TTL=128”，说明网关可通，如图 6-3（b）所示。

（3）在“运行”对话框中，输入：ping DNS 服务器地址（如“ping 192.168.3.254”），运行结果为“Reply from 192.168.3.254: bytes=32 time<10ms TTL=128”，说明 DNS 服务器可通。

（4）输入“exit”退出。

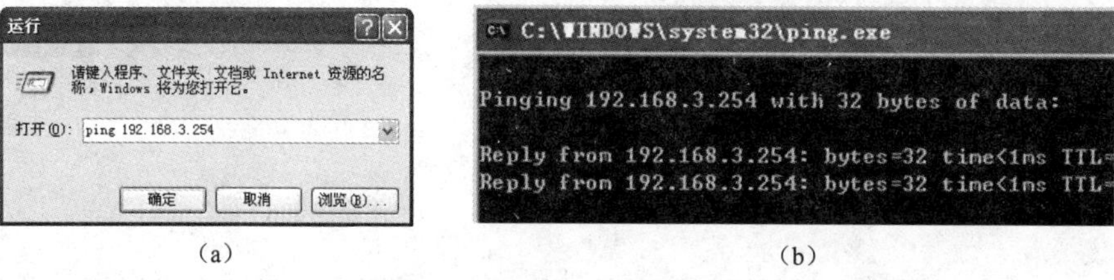

（a） （b）

图 6-3 运行 Ping 命令

（a）“运行”对话框；（b）Ping 结果

说明：Ping是一个基本网络命令，用来确定网络上具有某个特定IP地址的主机是否存在以及是否能接收请求。如果返回“Reply from Y.Y.Y.Y: bytes=32 time<10ms TTL=128”，则说明网关或DNS服务器可通。

4. 局域网共享

（1）设置共享文件夹。操作步骤如下：

1)在D盘创建“作业”文件夹，在其下创建“作业要求.doc”文档，输入文字“本节课作业要求如下……”等内容。

2）右击“作业”文件夹，从弹出的快捷菜单中选择“共享和安全”命令，打开“作业属性”对话框。

3）在“作业属性”对话框的“共享”选项卡中，选中“共享此文件夹”复选框，输入共享名（如“作业”），设置“用户数限制”为“允许最多用户”，设置访问权限为“读取”，单击“确定”按钮，如图6-4所示。

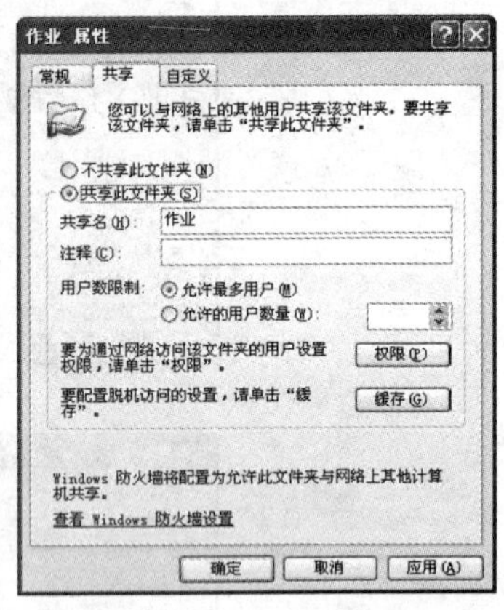

图6-4 设置共享文件夹

（2）访问共享文件夹。操作步骤如下：

提示：在网络中，用户除了可以将文件夹共享外，还可以设置指定的盘符共享，同时可共享网络中的硬件设备，如打印机、扫描仪、绘图仪等，从而减少了硬件的重复购置，实现软、硬件资源的共享。

1）在局域网中的其他计算机桌面上，双击“网上邻居”图标，打开“网上邻居”窗口，如图6-5（a）所示。

2）查找设置共享文件夹的计算机（如“806-00”），双击该计算机图标，打开“806-00”计算机窗口，如图6-5（b）所示。

3）双击共享文件夹图标，打开共享文件夹，如图6-5（c）所示。

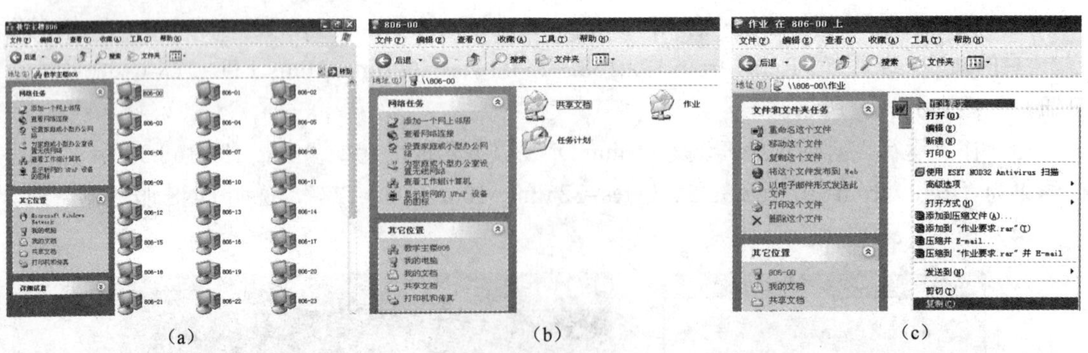

（a） （b） （c）

图6-5 访问共享文件夹

（a）“网上邻居”窗口；（b）“806—00”窗口；（c）“作业在806—00”窗口

4）在共享文件夹中，选定要复制的文件（如“作业要求.doc”），右击鼠标，从弹出的快捷菜单中选择“复制”命令，或按“Ctrl+C”组合键。

5）在本地计算机的桌面上右击鼠标，从弹出的快捷菜单中选择“粘贴”命令，或按“Ctrl+V”组合键，共享文件夹中的文件复制到本地计算机上。

5. 查看本地网络连接信息

（1）单击任务栏右侧托盘中的“本地连接”图标，打开“本地连接 状态”对话框，“常规”选项卡如图 6-6（a）所示。

（2）单击“支持”选项卡，查看连接状态，如图 6-6（b）所示。

（3）单击“详细信息”按钮，打开“本地连接详细信息”对话框，如图 6-6（c）所示，查看实际地址、IP 地址、子网掩码、默认网关、DHCP 服务器、DNS 服务器等信息。

说明：实际地址即是网卡的 MAC 地址，每块网卡的 MAC 地址都是全世界唯一的，是网卡制造厂商在出厂前设置好的，不允许用户进行修改。

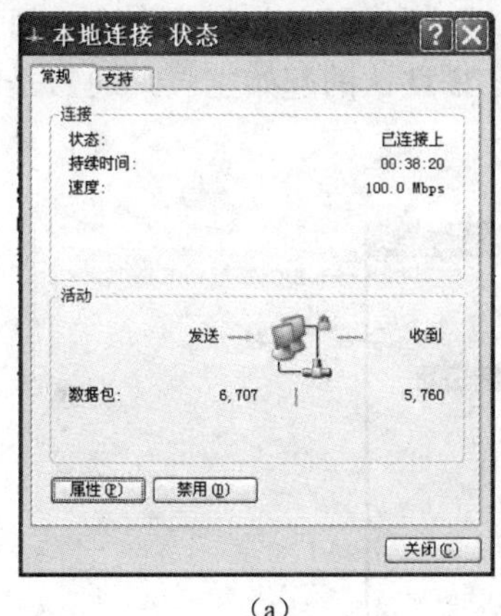

（a）

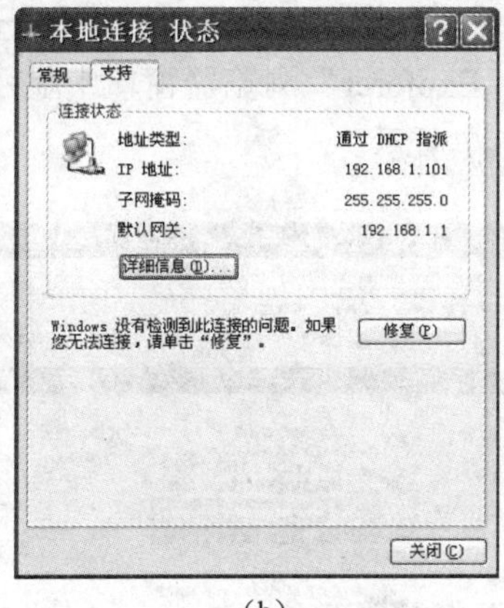

（b）

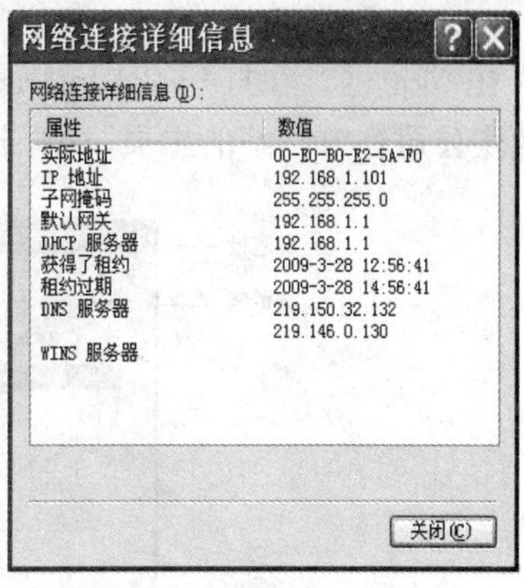

（c）

图 6-6 “本地连接状态”对话框

（a）“常规”选项卡；（b）“支持”选项卡；（c）“网络连接详细信息”对话框

（4）按表 6-1 记录查看的结果。

表 6-1 **本地连接信息记录表**

查看项目	地址类型	IP 地址	子网掩码	默认网关
查看结果				
查看项目	实际地址	DHCP 服务器	DNS 服务器	MAC 地址
查看结果				

【实践与提高】

（1）在本地计算机上设置共享文件夹，将共享文件夹的访问权限分别设置为读取、更改和完全控制，在网络中其他计算机上访问该文件夹，比较不同访问权限的区别。

（2）将局域网中的打印机设置为网络共享。

（3）查看 2 台以上局域网计算机的本地网络连接信息，比较查看项目的值。

实训 6.2 Internet Explorer 7.0 的使用

【知识要点】

网页；主页；历史记录；收藏夹。

【实训目的与要求】

（1）熟悉 Internet Explorer 7.0 的用户界面。

（2）掌握浏览网页的操作方法。

（3）掌握设置默认主页、临时文件夹、历史记录的操作方法。

（4）掌握收藏网页、保存网页及网页中不同对象的操作方法。

【实训内容与步骤】

1. 浏览网页

（1）启动 IE 浏览器。单击“开始”按钮，选择“程序”→“Internet Explorer”命令，启动 IE 浏览器，在打开的“Internet Explorer”浏览器窗口中显示 IE 默认的起始主页，通常是微软公司官方网站的主页，如图 6-7 所示。

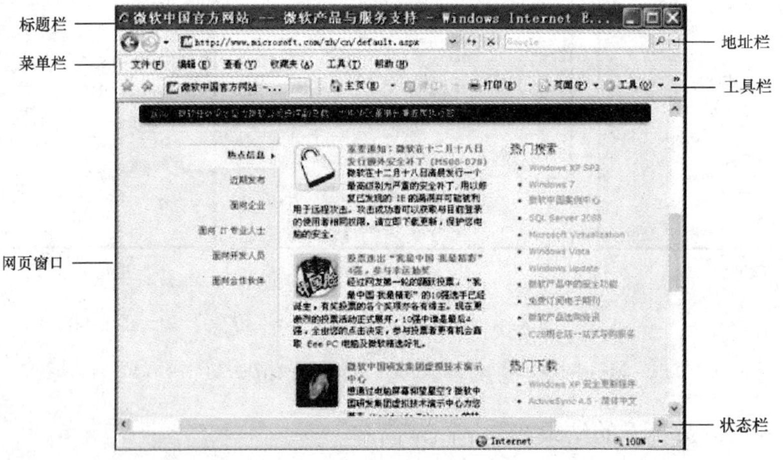

图 6-7 “Internet Explorer”窗口

提示：双击桌面上的 IE 7.0 快捷图标，或单击快速启动栏中的 IE 7.0 图标，可以快速启动 IE 浏览器。

（2）浏览网页。在“Internet Explorer”浏览器窗口的地址栏中分别输入表 6-2 中典型网站的 URL 地址，按“Enter”键，浏览网页。

表 6-2 典型网站的 URL 地址

网站类型	URL 地址	
搜索引擎网站	百 度：http://www.baidu.com	搜狐：http://www.sohu.com
新闻网站	新华网：http://www.xinhuanet.com	人民网：http://people.com.cn

续表

网站类型	URL 地址	
电子商务网站	淘宝网：http://www.taobao.com	当当网：http://www.dangdang.com
免费电子邮箱	网　易：http:/mail.163.com，www.126.com	雅虎邮箱：http://mail.cn.yahoo.com

2. 设置默认主页

（1）在桌面上右击“Internet Explorer”图标，从打开的快捷菜单中选择“属性”命令，打开“Internet 属性”对话框。

（2）在“常规”选项卡“主页”列表框中，输入“http://www.baidu.com”，按“Enter”键换行后输入“http://www.xinhuanet.com”，单击“确定”按钮，如图 6-8（a）所示。

（3）双击“Internet Explorer”图标，打开“Internet Explorer”窗口，同时打开 2 个默认主页，如图 6-8（b）所示。

（a）

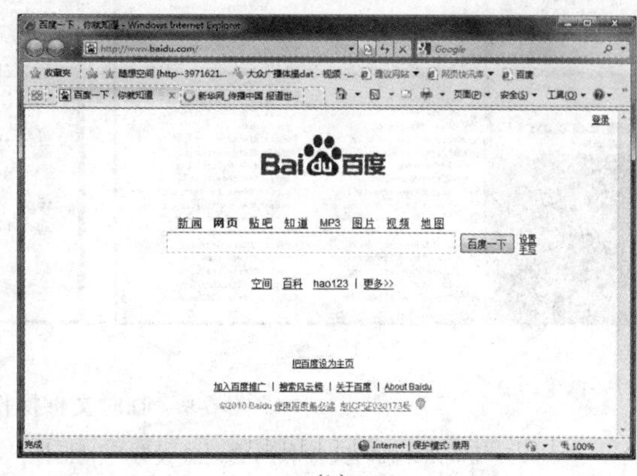

（b）

图 6-8　设置默认主页

（a）“Internet 属性常规”选项卡；（b）启动默认主页

提示：默认主页是在启动 IE 浏览器时自动显示的网页，可以将一些常用的网站地址设置为默认主页，方便用户使用。

3. Internet 临时文件操作

（1）创建存放临时文件的文件夹。在 E 盘中创建文件夹“E：\TEMPORARY”。

（2）设置临时文件夹所占空间。在桌面上右击“Internet Explorer”图标，从弹出的快捷菜单中选择“属性”命令，打开“Internet 属性”对话框，如图 6-8（a）所示。

（3）在“常规”选项卡“浏览历史记录”功能组中，单击“设置”按钮，打开“Internet 临时文件和历史记录设置”对话框，在“要使用的磁盘空间（8-1024M）”文本框中输入“512”，如图 6-9（a）所示，则临时文件所占空间为 512M。

（4）设置保存临时文件的位置。“当前位置”是系统默认保存临时文件的位置，单击该功能组中“移动文件夹”按钮，打开“浏览文件夹”对话框，选择保存临时文件的位置“E：\TEMPORARY”，单击“确定”按钮，则保存临时文件的位置设置为“E：\TEMPORARY”如图 6-9（b）所示。

(a)

(b)

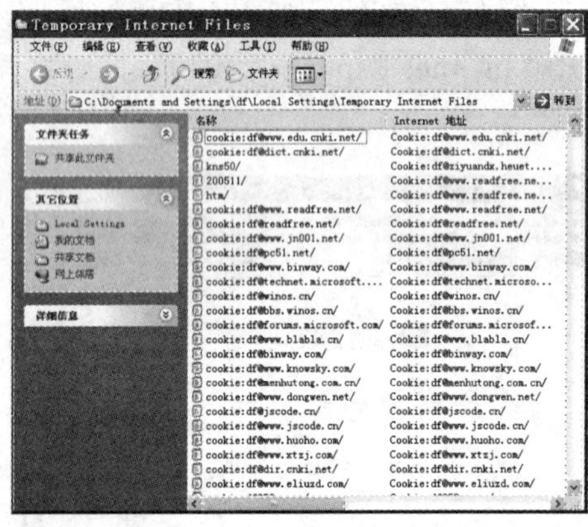

(c)

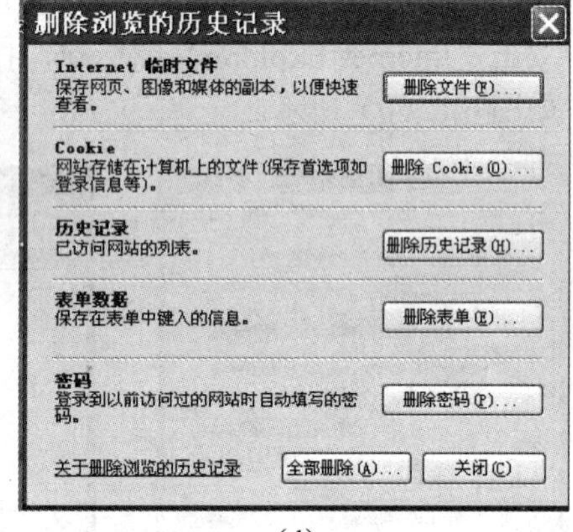

(d)

图 6-9 临时文件操作

(a)“Internet 临时文件和历史记录设置”对话框；(b)“浏览文件夹”对话框；

(c)“Temporary Internet Files”窗口；(d)“删除历史记录”对话框

（5）查看临时文件。如图 6-9（a）所示的“Internet 临时文件和历史记录设置”对话框中，单击“查看文件”按钮，打开“Temporary Internet Files”窗口，如图 6-9（c）所示。双击窗口列表中的某一临时文件，打开并查看。

（6）设置临时文件保存时间。如图 6-9（a）所示的“Internet 临时文件和历史记录设置”对话框中，调整或输入“历史记录”功能组中“网页保存在历史记录中的天数”（如“20”），单击“确定”按钮，返回到“Internet 属性”对话框“常规”选项卡。

（7）删除历史记录。如图 6-8（a）所示的“Internet 属性”对话框中，单击“常规”选项卡“浏览历史记录”栏中的“删除”按钮，打开“删除浏览的历史记录”对话框，如图 6-9（d）所示，分别完成以下操作：

1）单击“删除文件”按钮，删除临时文件夹中保存的文件。

2）单击“删除 Cookie”按钮，删除网站保存在计算机上的文件（如登录信息等）。

3）单击“删除历史记录”按钮，删除已访问网站的列表。

4）单击“全部删除”按钮，删除所有的历史记录。

提示： 创建“Internet”临时文件夹可以用来存储网页、图像、媒体的副本，供以后快速查看使用。设置临时文件保存在历史记录中的天数，可有效地利用磁盘空间。

4. 收藏夹的操作

（1）收藏网页。操作步骤如下：

1）在“Internet Explorer”浏览器窗口的地址栏中输入要收藏网站的 URL 地址（如“www.ykdx.net”），按“Enter”键，浏览该网页。

2）从菜单栏中选择“收藏夹”→“添加到收藏夹”命令，或单击工具栏中的“添加到收藏夹”按钮，从“收藏夹”菜单中选择“添加到收藏夹”命令，打开“添加收藏”对话框，如图 6-10 所示。

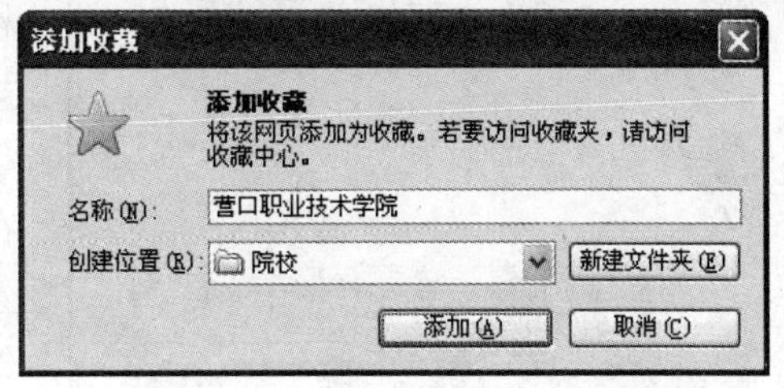

图 6-10 “添加收藏”对话框

3）单击“创建位置”列表框右侧箭头，从收藏夹列表中选择一个已有的文件夹，或单击“新建文件夹”按钮，新建一个文件夹，将打开的网页保存到指定的文件夹中。

提示：用户可以将经常浏览或感兴趣的网页（如 www.xinhuanet.com、www.baidu.com 等）添加到收藏夹中，以便快速查阅。

（2）浏览收藏的网页。操作步骤如下：

1）单击工具栏中的“收藏中心”按钮，打开“收藏夹”任务窗格如图 6-11 所示，单击“收藏夹”按钮，打开收藏夹列表。

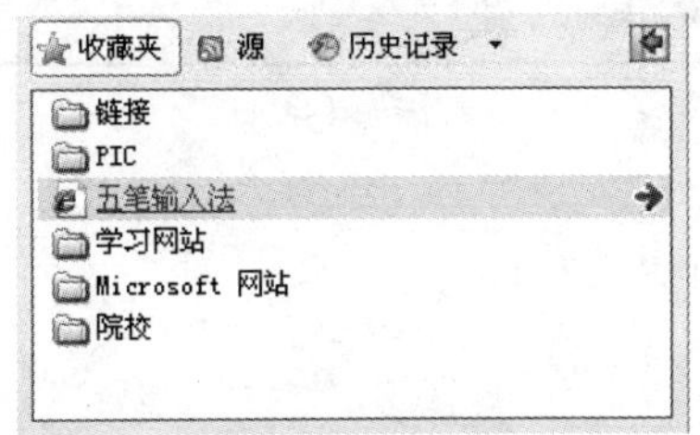

图 6-11 “收藏夹”任务窗格

2）单击收藏夹中的网页名称，快速打开网页并浏览。

3）单击收藏夹中的文件夹图标右侧箭头，打开该文件夹，显示其中的网页名称。

（3）整理收藏夹。操作步骤如下：

1）从菜单栏中选择“收藏夹”→“整理收藏夹”命令，单击工具栏中“添加到收藏夹”按钮，选择“整理收藏夹”命令，打开“整理收藏夹”对话框，如图 6-12 所示。

2）单击“新建文件夹”按钮，创建文件夹，输入文件夹名称（如“新闻”），重复上述操作分别建立其他文件夹（如“软件”、“游戏”、“音乐”、“视频”等）。

3）选定一个已添加到收藏夹的网页名称，拖动到相应的文件夹中释放，如将光标移到“五笔输入法”网页名称上，拖动至“学习”文件夹上，释放鼠标。同样操作将所有收藏的网址都移动到相应的文件夹中。

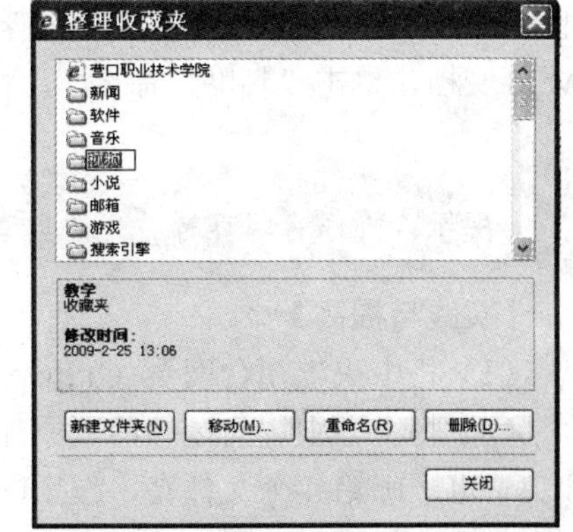

图 6-12 “整理收藏夹”对话框

5. 保存网页

（1）保存网页。打开要保存的网页，从菜单栏中选择“文件”→“另存为”命令，打开“保存网页”对话框，在“保存类型”列表中选择“网页，全部（*.htm;html）”，在“文件名”文本框中输入要保存的文件名，

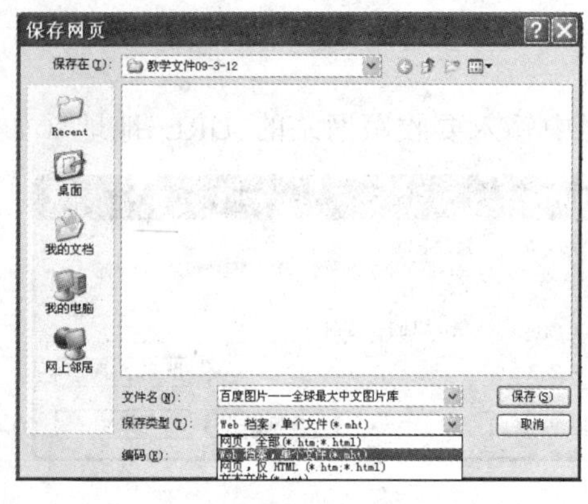

图 6-13 “保存网页”对话框

单击“保存”按钮，如图 6-13（b）所示。

（2）保存网页中的图片。操作步骤如下：

1）在“Internet Explorer”浏览器窗口的地址栏中输入百度 URL 地址 http://www.baidu. com，按“Enter”键，打开百度主页。

2）在百度主页的导航栏中单击“图片”按钮，在搜索栏中输入要搜索的图片名称（如“九寨沟风景”)，单击“百度一下”按钮，显示搜索到的图片，如图 6-14（a）所示。

3）单击要查看的图片，放大图片，如图 6-14（b）所示。

4）右击要保存的图片，从弹出的快捷菜单中选择“图片另存为”命令，打开“保存图片”对话框，选择图片的保存位置、保存类型，输入文件名，单击“保存”按钮，如图 6-14（c）所示。

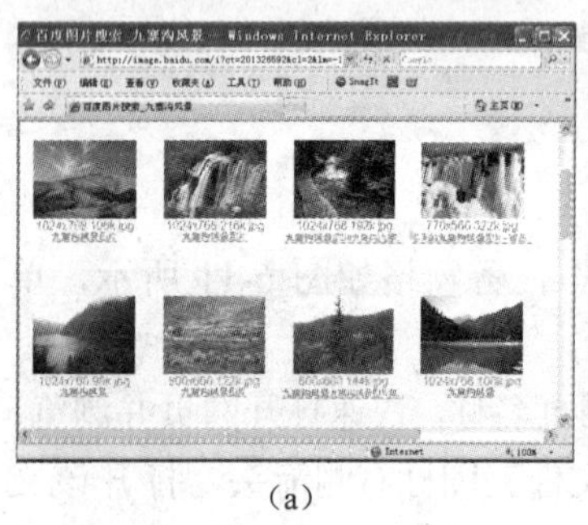

（a）

（b）

（c）

图 6-14 保存图片

（a）搜索图片；（b）显示图片；（c）“保存图片”对话框

提示：用户打开包含图片的网页，在图片上右击鼠标，从弹出的快捷菜单中选择“图片另存为”命令可以直接保存网页中的图片。

（3）保存网页中文字。打开一个网页，选中网页中的部分文字，右击鼠标，从弹出的快捷菜单中选择“复制”命令，将内容粘贴到剪贴板中，启动文字处理软件 Word，新建一个 Word 文档，单击“粘贴”命令，将内容粘贴到文档中，保存文件。

提示：在保存网页时，文件类型设置为“文本文件（*.txt）”，可以只保存网页中的文字。

【实践与提高】

（1）将中央电视台网页（http://www.cctv.com）设置为 IE 浏览器启动的默认主页。

（2）将实训中访问过的网页添加到收藏夹，在收藏夹中创建搜索引擎、新闻、电子商务和免费电子邮箱 4 个文件夹，根据网页类型整理收藏夹。

（3）访问不同的网站，保存 2 个以上访问过的网页，5 个以上访问过网页中的图片，将网页中有价值的信息保存为 Word 文档。

实训6.3 电子邮件的使用

【知识要点】

电子邮箱；电子邮件。

【实训目的与要求】

（1）了解电子邮箱的应用，掌握注册电子邮箱账号的方法。

（2）熟练掌握编辑、发送和接收邮件的方法。

（3）了解管理通讯簿和创建邮件文件夹的方法。

【实训内容与步骤】

1. 申请126免费电子邮箱

（1）启动IE7.0，在浏览器窗口URL地址栏中输入“http://www.126.com”或“http://mail.126.com”，按“Enter”键，登录126网易免费邮箱主页，如图6-15（a）所示。

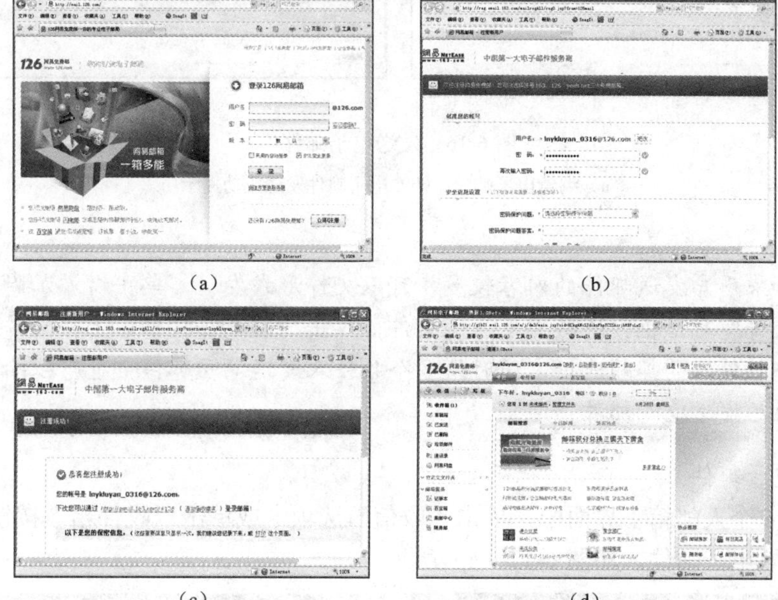

图6-15 申请126免费信箱

（a）126网易免费邮箱主页；（b）网易邮箱注册页面；（c）网易邮箱注册成功页面；（d）126个人邮箱主页

（2）单击“立即注册”按钮，打开网易邮箱注册页面，按向导提示依次完成创建账号、设置安全信息、注册验证、阅读服务条款等操作，如图6-15（b）所示。

（3）单击“确定”按钮，打开注册成功页面，如图6-15（c）所示。

（4）单击“进入邮箱”按钮，打开126个人邮箱主页，如图6-15（d）所示。

说明：提供免费电子邮箱服务网站的申请页面不尽相同，同一网站的页面也在不断更新，用户申请电子邮箱时，可按照网站的提示完成。为了保证用户的权益，申请时要仔细阅读服务条款。用户也可选择收费的电子邮箱，以保证满足用户的需求。

2. 发送电子邮件

（1）在 126 个人邮箱主页中，单击“写信”选项卡，打开“写信”窗口，在“收件人”文本框中输入收件人的邮箱地址（如“xiaomary@126.com”），在“主题”栏中输入邮件主题（如“问候”），在“邮件窗口”中输入邮件正文编辑电子邮件，如图 6-16（a）所示。

（2）邮件编辑完成，单击“发送”按钮发送邮件，邮件被成功发送后，系统提示“邮件发送成功！”，如图 6-16（b）所示。

（a）

（b）

图 6-16　发送电子邮件

（a）编辑电子邮件；（b）电子邮件发送成功提示

提示：如果用户发送邮件的内容较多，可以文件形式发送，单击“添加附件”按钮，打开“选择文件”对话框，选择要发送的文件，单击“打开”按钮，上传附件。此外，用户可输入多个收件人的邮箱地址，同时给多个收件人发送电子邮件，也可以输入个人的邮箱地址，给自己发送电子邮件。

3. 收取电子邮件

（1）在 126 个人邮箱主界面中，单击“收信”选项卡或单击“收件箱”按钮，打开“收件箱”窗口收取电子邮件，如图 6-17（a）所示。

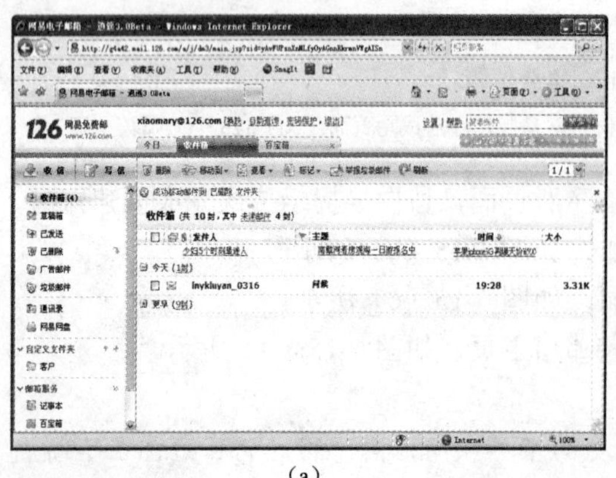

（a）

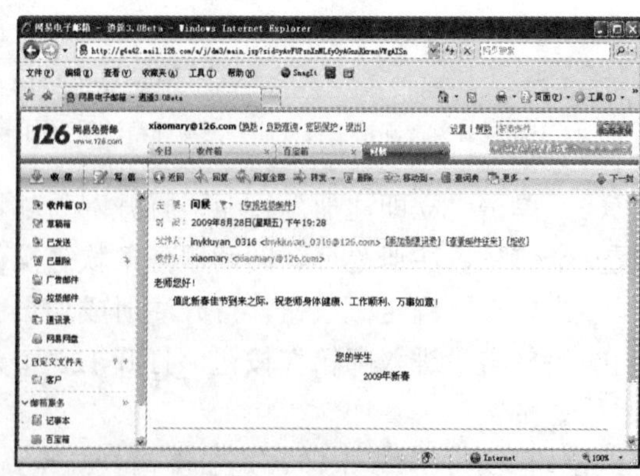

（b）

图 6-17　收取电子邮件

（a）收取电子邮件；（b）浏览电子邮件

（2）在“邮件列表”中单击邮件主题或发件人，浏览电子邮件内容，如图 6-17（b）所示。

（3）单击“返回”按钮，返回到“收件箱”窗口；单击“回复”按钮，回复本邮件；单击“转发”按钮，将本邮件转发给他人；单击“删除”按钮，删除本邮件；单击“移动”按钮，将本邮件移动到其他的文件夹中。

提示：浏览的电子邮件若有附件，可单击附件文件名或“下载附件”按钮，打开“下载文件”对话框，下载附件或直接打开附件。

4. 通讯录的管理

（1）在通讯录中添加联系人。在 126 个人邮箱主界面中，选定“通讯录”选项卡，单击“新建联系人”命令，输入联系人的姓名、电子邮箱、手机、生日、所属组等信息，单击“确定”按钮，如图 6-18（a）所示。

（2）将联系人分组。在 126 个人邮箱主界面中，选定“通讯录”选项卡，单击“新建联系组”命令，在“联系组名称”文本框中输入名称，在“所有联系人”列表中，选中要添加到该组的联系人名称前面的复选框，单击“确定”按钮，如图 6-18（b）所示。

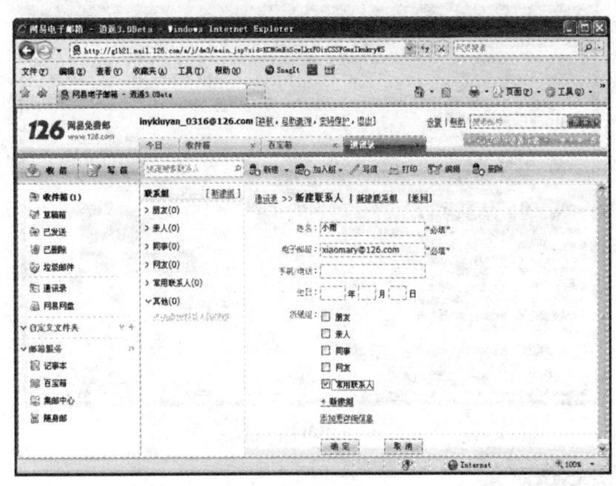

（a）

（b）

图 6-18 通讯录管理

（a）添加联系人；（b）将联系人分组

提示：在“通讯录”选项卡中，邮件服务器提供了一些默认的分组名称，从联系人列表中选定要进行分组的联系人，单击“加入组”按钮，选择分组名称，即可将选定的联系人添加到指定的分组中。

【实践与提高】

（1）分别在网易（http://www.163.com）和雅虎邮箱（http://mail.cn.yahoo.com）提供免费邮件服务器的网站上申请免费的电子邮箱。

（2）在 2 个邮箱间互发电子邮件，将图片文件分别以正文和附件形式发送。

（3）分别编辑表达问候、通知等内容的电子邮件，将其同时发送到 3 个以上的邮箱中。

（4）把通讯录分为朋友、亲人、同事、老师、同学等联系组，按联系组整理个人电子邮箱的通讯录。

实训 6.4 信息搜索与文件下载

【知识要点】

搜索引擎；文件下载。

【实训目的与要求】

（1）了解常用的搜索引擎。

（2）掌握搜索引擎检索各类信息的方法。

（3）掌握文件的下载方法。

【实训内容与步骤】

1. 网页的搜索

（1）启动 IE7.0，在浏览器 URL 地址栏中输入网址“http://www.baidu.com”，按“Enter”键，登录百度主页，如图 6-19（a）所示。

（2）在“搜索栏”中输入关键字（如“上海世博会”），单击“百度一下”按钮，打开网页，显示搜索信息结果，如图 6-19（b）所示。

（a）

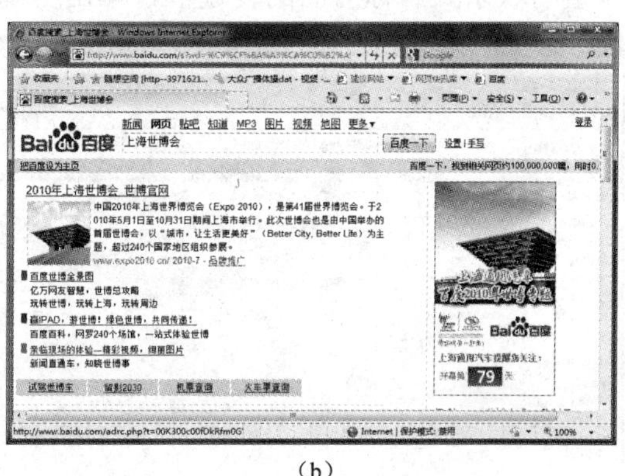

（b）

图 6-19 信息搜索

（a）Baidu 主页；（b）搜索信息结果

（3）在搜索结果中，单击“中国 2010 年上海世博会官方网站”链接，打开网站主页，浏览信息，若信息不完整可单击其他链接。

（4）在“Internet Explorer”浏览器窗口上，选择“文件”→“另存为”命令，打开“保存网页”对话框，输入保存文件名为“中国 2010 年上海世博会官方网站”，选择保存类型为“网页，全部（*.htm;*.html）”，单击“保存”按钮。

提示：当用户搜索完成后，搜索引擎在页面显示查询结果，同时在下方提示相关搜索关键词，便于用户快速搜索到所需要的信息。

2. 图片的搜索

（1）启动 IE7.0，在浏览器 URL 地址栏中输入网址“http://www.baidu.com”，按“Enter”键，登录百度首页，单击“图片”选项卡，打开图片百度主页，如图 6-20（a）所示。

（2）在“搜索栏”中输入关键字（如“上海世博会吉祥物”），单击“搜索图片”按钮，打开新网页，显示搜索结果，如图 6-20（b）所示。

（a）

（b）

图 6-20　图片搜索

（a）百度图片主页；（b）搜索图片结果

（3）在搜索结果中，单击其中的一张图片，打开图片，右击图片，从弹出的快捷菜单中选择“图片另存为”命令，打开“保存图片”对话框，输入保存文件名为“上海世博会吉祥物”，选择保存类型为“JPEG（*.jpg）”，单击“保存”按钮，将图片保存。

（4）按步骤（2）～（3）搜索上海世博会会徽”图片，并将其保存为“上海世博会会徽.jpg”。

3. 音乐的搜索

（1）启动 IE7.0，在浏览器 URL 地址栏中输入网址“http://www.baidu.com”，按“Enter”键，登录百度首页，单击“MP3”选项卡，打开百度 MP3 主页，如图 6-21（a）所示。

（2）在“搜索栏”中输入关键字（如“北京欢迎你”），单击“百度一下”按钮，打开网页，显示搜索结果，如图 6-21（b）所示。

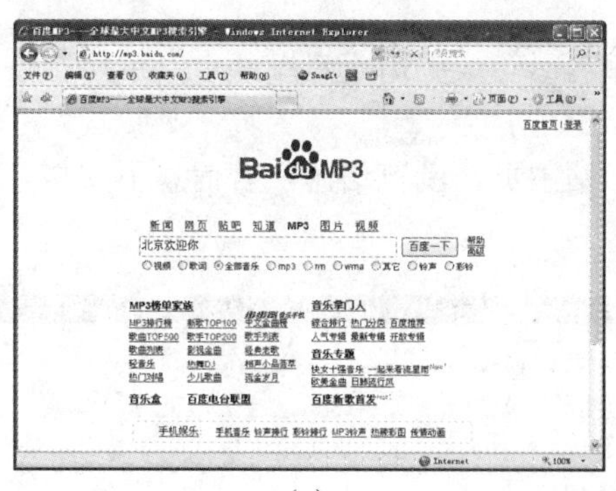

（a）

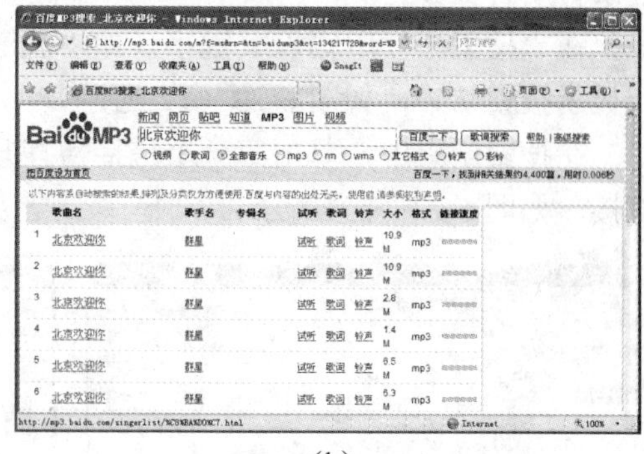

（b）

图 6-21　音乐搜索

（a）百度 MP3 主页；（b）搜索音乐结果

提示：在搜索到的结果中选定歌曲，单击其后的“歌词”文字链接，打开相应歌曲的歌词，将 LRC 格式的歌词与歌曲同时复制到 MP3、MP4 中，可以在播放歌曲的同时播放歌词。

（3）选定一首曲目，单击“试听”按钮，打开“百度音乐盒”窗口，试听歌曲，如图 6-22（a）所示。

（4）单击歌曲名称，打开“歌曲链接”窗口，如图 6-22（b）所示。单击“歌曲链接”地址，打开“文件下载”对话框，选择保存位置，输入文件名称，单击“保存”按钮，将 MP3 文件保存到本地磁盘。

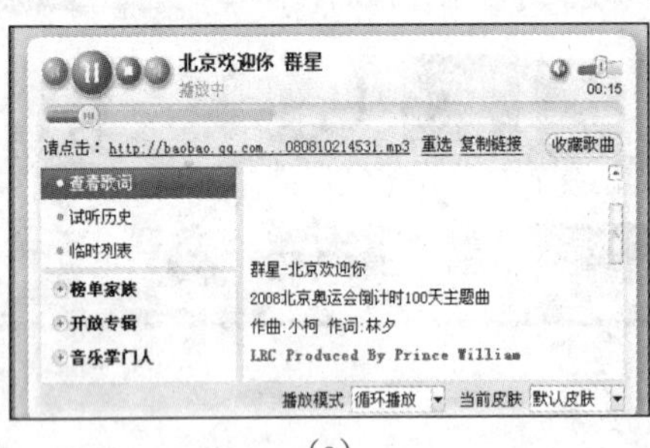

（a）

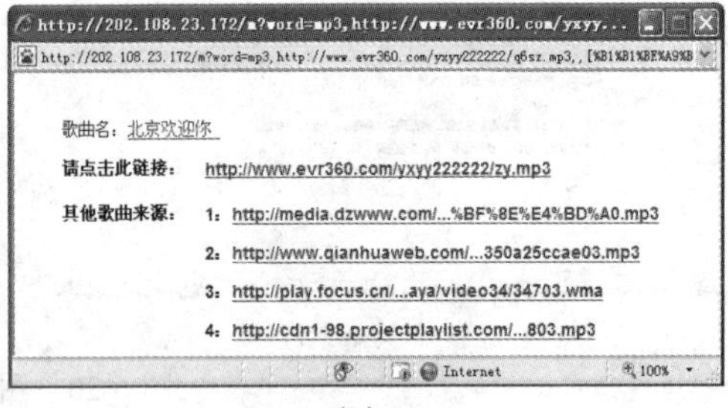

（b）

图 6-22 音乐试听与下载

（a）“百度音乐盒”窗口；（b）“歌曲链接”窗口

（5）按步骤（2）～（4）搜索其他北京 2008 年奥运会歌曲，在线试听并下载保存。

提示：为了提高搜索的效率，百度搜索引擎提供了分类搜索的功能，除上面应用的图片、音乐搜索外，还可以按新闻、视频等进行搜索。此外，百度搜索引擎还提供了百度贴吧，用户可以创建个人的贴吧，发表个人观点、作品等。

4. 软件的搜索

（1）启动 IE7.0，在浏览器 URL 地址栏中输入网址“http://www.baidu.com”，按“Enter”键，登录百度首页。

（2）在“搜索栏”中输入关键字（如“五笔输入法”），单击“百度一下”按钮，打开新网页，显示搜索结果，如图 6-23（a）所示。

（3）在搜索结果中，单击第一个链接，打开网站主页，浏览信息，若信息不完整可单击其他链接，如图 6-23（b）所示。

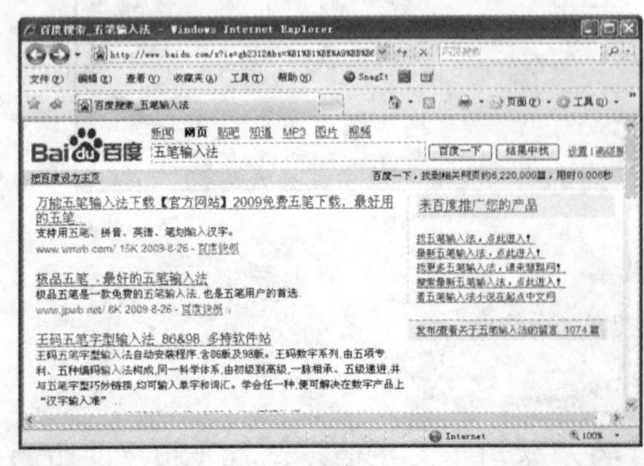

（a）

（b）

图 6-23 软件搜索

（a）搜索软件结果；（b）软件下载主页

（4）单击“立即下载”按钮，打开下载链接地址，选择“官方本地下载”，打开“文件下载”对话框，选择保存位置，输入文件名称，单击“保存”按钮，将软件保存到本地磁盘。

提示：若计算机安装了迅雷、网际快车等网络下载软件，当文件下载时自动启动软件高速下载。

【实践与提高】

（1）应用百度搜索引擎，分别搜索提供中国民俗、旅游资讯等公众信息的网页，将网页的链接分类添加到收藏夹中。

（2）应用百度搜索引擎，搜索10张以上图片，将其保存到本地计算机中。

（3）应用百度搜索引擎，搜索10首以上的歌曲，同时下载歌词，将其保存到本地计算机中。

（4）应用百度搜索引擎，搜索2个常用的工具软件，将其下载到本地计算机中。

（5）登录百度首页（http://www.baidu.com），在百度知道主页搜索关于朱自清及其作品介绍信息，如图6-24（a）所示。

（6）登录百度首页（http://www.baidu.com），在百度贴吧主页的“大学生创业”吧中，阅读帖子，发表新帖，如图6-24（b）所示。

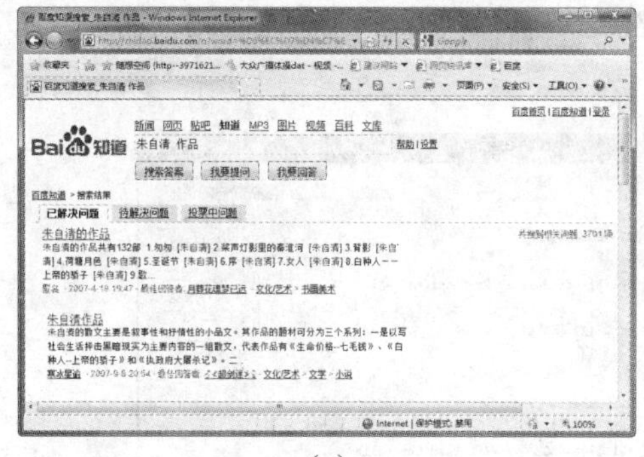

（a）

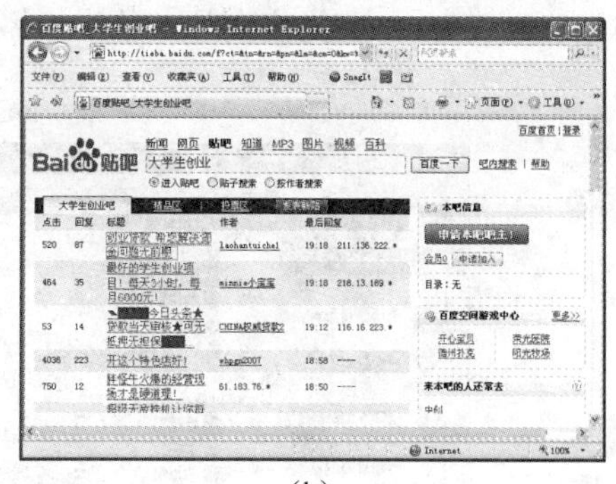

（b）

图6-24 百度搜索

（a）百度知道；（b）百度贴吧

第 7 章

常用工具软件

实训 7.1　系统工具软件的使用

【知识要点】

Windows 优化大师；一键 Ghost。

【实训目的与要求】

（1）了解 Windows 优化大师的基本功能。

（2）掌握 Windows 优化大师进行系统监测、优化、清理和维护的方法。

（3）了解一键 Ghost 的基本功能。

（4）掌握应用一键 Ghost 进行系统备份和恢复的方法。

【实训内容与步骤】

1. 应用 Windows 优化大师进行系统监测、优化、清理和维护

（1）检测系统资源。操作步骤如下：

1）启动 Windows 优化大师，单击“系统检测”按钮，打开“系统检测”窗口，如图 7-1 所示。

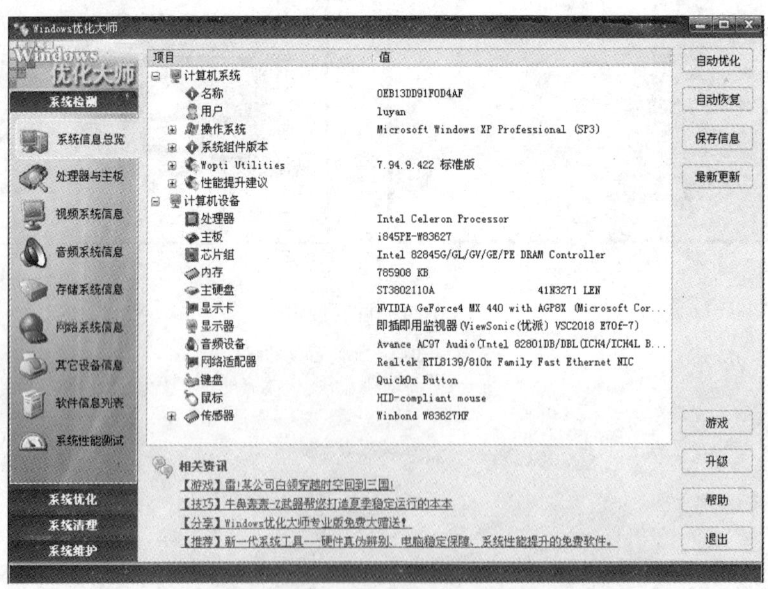

图 7-1 “Windows 优化大师-系统检测”窗口

2）依次单击“处理器与主板”、“视频系统信息”、“音频系统信息”、“存储系统信息”、“网络系统信息”、“其他设备信息”等按钮，查看各个硬件设备的相关信息，并填入表 7-1 中。

（2）优化计算机系统。操作步骤如下：

1）在“Windows 优化大师”窗口中，单击“系统优化”按钮，打开“系统优化”列表。

表 7-1　　计算机系统硬件信息

项　　目	值	项　　目	值
计算机系统名称		显存	
操作系统		显示器型号	
处理器规格		音频控制芯片	
处理器主频		物理内存总计	
CPU 温度		物理内存剩余	
CPU 逻辑处理器的个数		硬盘大小及可用大小	
BIOS 制造商		网卡 MAC 地址	
主板温度		主域服务器地址	
主板芯片组		适配器类型	
显卡芯片		Internet 接入方式	

2）单击“磁盘缓存优化”按钮，打开“磁盘缓存优化”窗口，设置输入/输出缓存大小、内存性能配置等相关参数，单击“优化”按钮，开始进行磁盘缓存优化，如图 7-2（a）所示。

3）单击“桌面菜单优化”按钮，打开“桌面菜单优化”窗口，设置开始菜单速度、菜单运行速度、桌面图标缓存及其他设置，单击“优化”按钮，开始进行桌面菜单优化，如图 7-2（b）所示。

4）依次单击“文件系统优化”、“网络系统优化”、“开机速度优化”、“系统安全优化”、“系统个性设置”、“后台服务优化”等按钮，打开相应窗口，进行设置和优化，如图 7-2（c）～（h）所示。

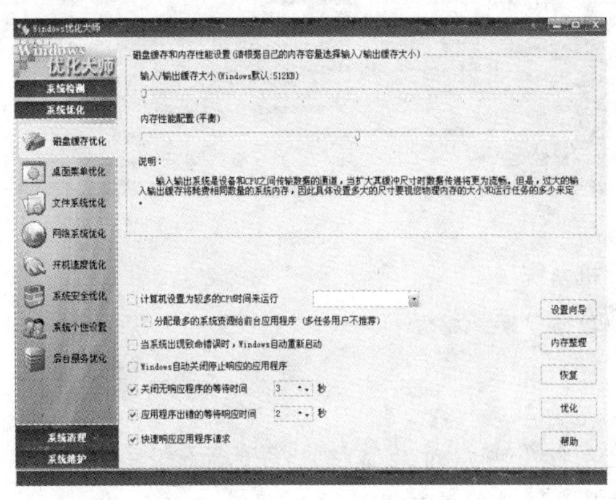

（a）

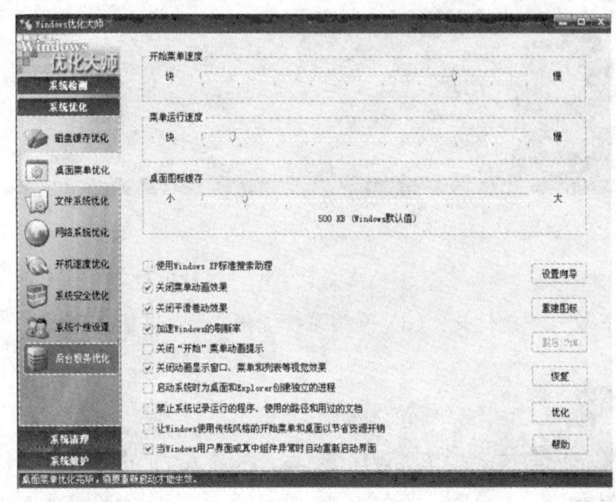

（b）

图 7-2　优化计算机系统（一）

（a）磁盘缓存优化；（b）桌面菜单优化

图 7-2　优化计算机系统（二）

（c）文件系统优化；（d）网络系统优化；（e）开机速度优化；（f）系统安全优化；（g）系统个性设置；（h）后台服务优化

提示：通过 Windows 优化大师的系统优化功能，可以对计算机系统进行优化，提高计算机系统性能。在系统优化过程中，单击“设置向导”，可以根据系统提示进行优化设置，简化操作。

（3）清理计算机系统。操作步骤如下：

1）在“Windows 优化大师”窗口中，单击“系统清理”按钮，打开“系统清理”列表。

2）单击“注册信息清理”按钮，打开“注册信息清理”窗口，选定扫描项目，单击“扫描”按钮进行扫描；单击“备份”按钮将备份要扫描的项目信息；单击“恢复”按钮恢复备份的信息，如图 7-3（a）所示。

3）单击“磁盘文件管理”按钮，打开“磁盘文件管理”窗口，从资源管理列表中选中要清理磁盘前方复选框，设置“扫描选项”项目，单击“扫描”按钮开始扫描。扫描结束，在“删除选项”选项卡中设置文件的删除方式；在“扫描结果”选项卡中选择要删除的文件，单击“删除”按钮删除这些文件，如图 7-3（b）所示。

4）单击“软件智能卸载”按钮，打开“软件智能卸载”窗口，从程序列表中选定要卸载的文件，单击“分析”按钮，根据分析结果选择卸载方式，如图 7-3（c）所示。

5）单击“历史痕迹清理”按钮，打开“历史痕迹清理”窗口，从项目列表中选中要扫描的项目，单击“扫描”按钮开始扫描，扫描结束，单击“全部删除”按钮，删除扫描到的历史痕迹，如图 7-3（d）所示。

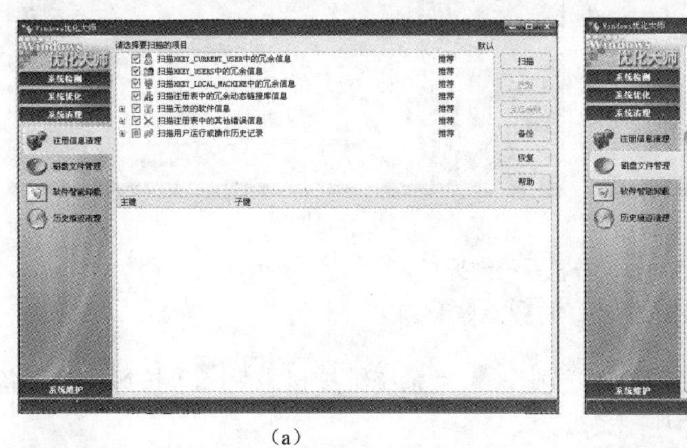

（a）

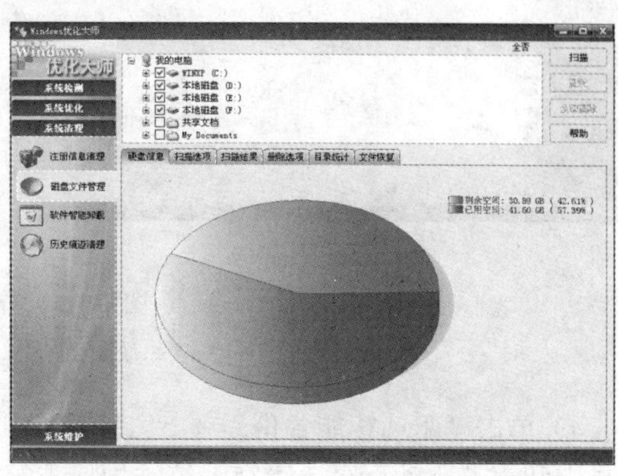

（b）

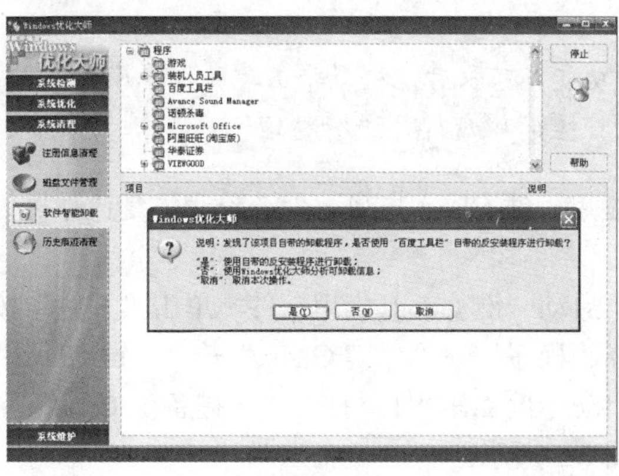

（c）

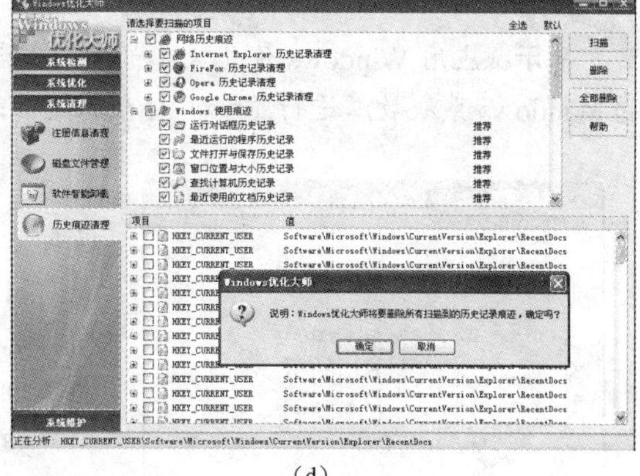

（d）

图 7-3　清理计算机系统

（a）注册信息管理；（b）磁盘文件管理；（c）软件智能卸载；（d）历史痕迹清理

提示：应用 Windows 优化大师的系统清理功能，可以清除安装和删除软件、浏览网页等操作过程中产生的临时文件和垃圾文件，提高系统的效率。

（4）计算机系统维护。操作步骤如下：

1）在“Windows 优化大师”窗口中，单击“系统维护”按钮，打开“系统维护”列表。

2）单击“系统磁盘医生”按钮，打开“系统磁盘医生”窗口，选定磁盘分区（如“D 盘”），单击“检查”按钮，进行分区检查，如图 7-4（a）所示。

3）单击“磁盘碎片整理”按钮，打开“磁盘碎片整理”窗口，选定磁盘（如“F 盘”），单击“分析”按钮进行分析，分析结束，打开“磁盘碎片分析报告”，单击“碎片整理”按钮进行碎片整理，如图 7-4（b）所示。

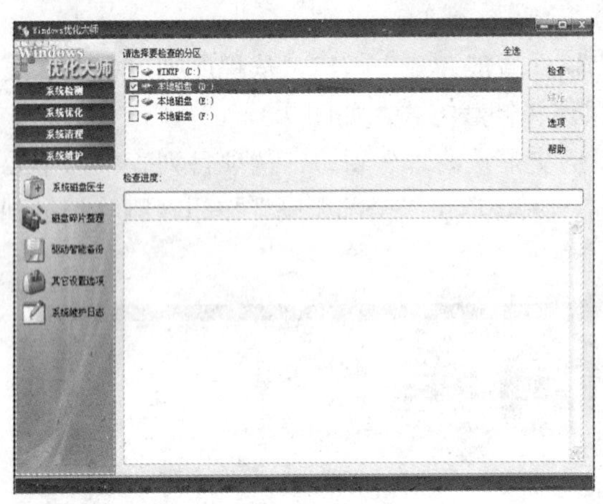

（a）

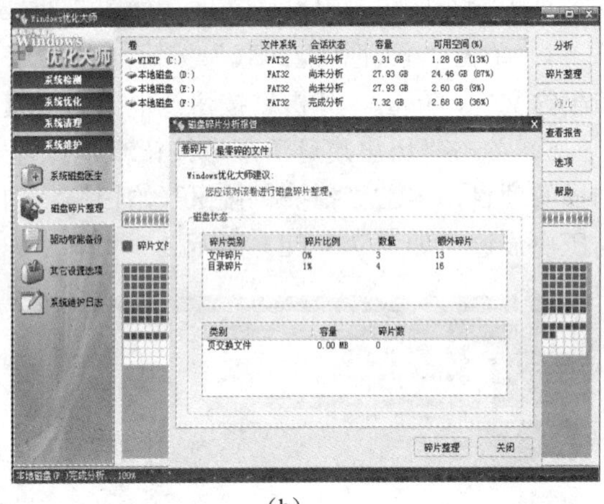

（b）

图 7-4　计算机系统维护

（a）系统磁盘医生；（b）磁盘碎片整理

4）单击“驱动智能备份”、“其他设置选项”、“系统维护日志”等按钮，分别备份显卡和声卡驱动程序，清空系统维护日志等。

提示：应用 Windows 优化大师的系统维护功能，可以对死机、非正常关机等原因造成的 Windows 系统故障进行维护，对存取文件时产生的磁盘碎片进行整理。

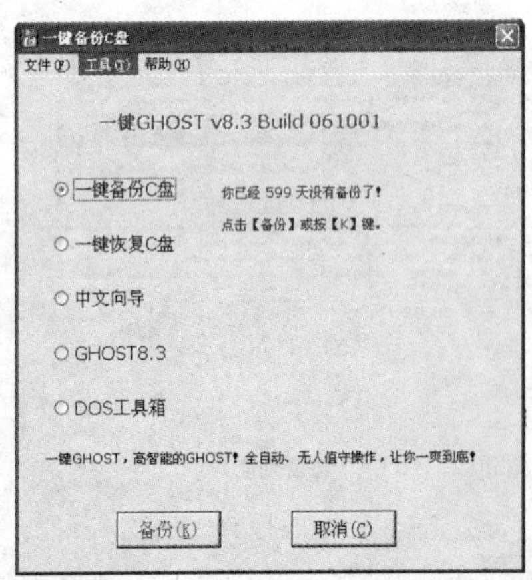

图 7-5　“一键备份 C 盘”窗口

2. 应用一键 Ghost 应用软件备份和恢复计算机的 C 盘

（1）启动一键 Ghost 应用软件。单击“开始”按钮，选择“程序”→“一键 Ghost”→“一键 Ghost”命令，启动一键 GHOST，打开“一键备份 C 盘”窗口，如图 7-5 所示。

（2）备份 C 盘步骤如下。

1）在“一键备份 C 盘”窗口中，选定“一键备份 C 盘”单选按钮，单击“备份”按钮，系统自动开始备份。

2）备份结束，查看生成的“.gho”文件的位置、大小和创建时间等信息。

（3）恢复C盘。在“一键恢复C盘”窗口中，选定“一键恢复C盘”单选按钮，单击“恢复”按钮，如图7-6所示，系统自动查找硬盘中的“.gho”文件，开始恢复C盘。

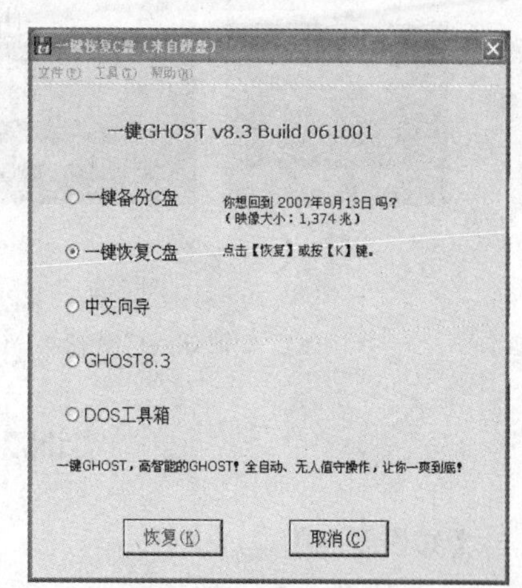

图7-6 “一键恢复C盘”窗口

【实践与提高】

1. 系统硬件测试软件——硬件天使

（1）启动系统硬件测试软件——硬件天使，主界面如图7-7（a）所示。

（2）计算机系统信息检测。在硬件天使主界面中分别单击“处理器信息”、“主板信息”、“内存信息”、“显示卡信息”、“显示器信息”、“硬盘信息”、“网卡信息”、“声卡信息”按钮，打开相应的信息列表，将检测到的信息与表7-1中计算机系统硬件的各项信息进行比较。

（3）硬件评测。选定“硬件评测”选项卡，进行CPU和内存的性能测试，如图7-7（b）所示，将评测结果填入表7-2中。

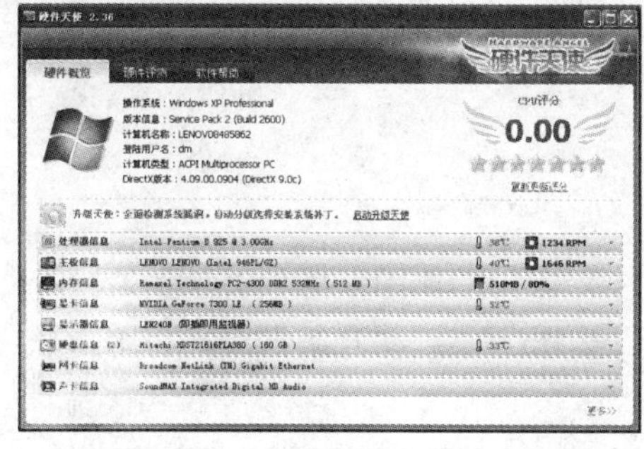

（a）

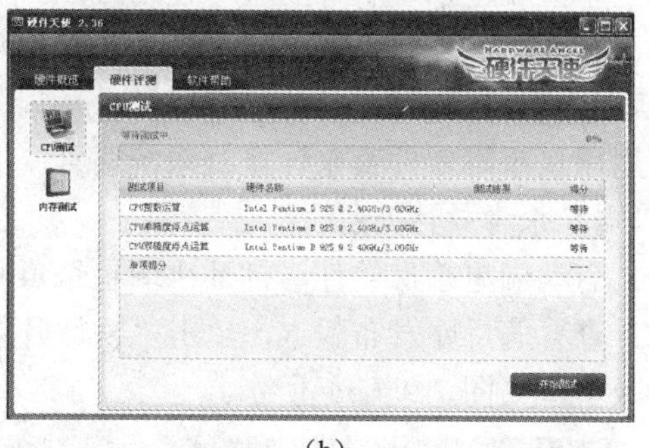

（b）

图7-7 硬件天使

（a）硬件天使主界面；（b）“硬件评测”选项卡

表7-2 硬件评测结果

硬件项目	测试结果	硬件项目	测试结果
CPU整数运算		内存复制	
CPU单精度浮点运算		内存潜伏期	
CPU双精度浮点运算			

2. 在DOS操作系统下应用一键Ghost应用软件

（1）在开机或重新启动计算机时，选择引导菜单中的“一键 Ghost…”选项，打开“一键Ghost”主菜单，如图7-8（a）所示。

（2）选择“一键备份C盘”命令，打开“一键备份C盘”窗口，单击“备份”按钮或按“Alt+K”键，系统自动开始备份，如图7-8（b）所示。

（3）选择“一键恢复C盘”命令，打开“一键恢复（来自硬盘）”窗口，单击“恢复”按钮或按“Alt+K”键，系统自动查找硬盘中的“.gho”文件，开始恢复C盘，如图7-8（c）所示。

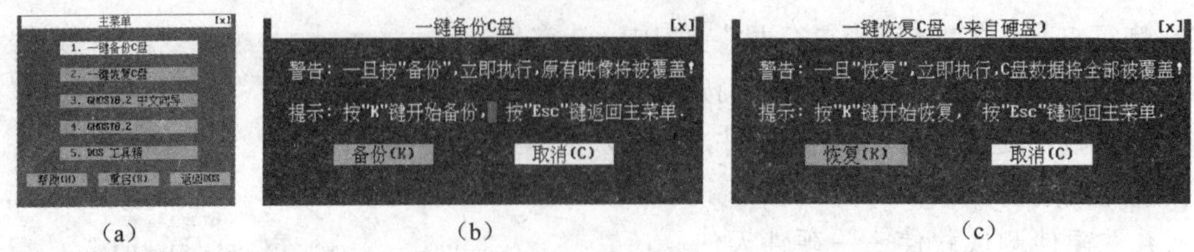

（a） （b） （c）

图 7-8 DOS 操作系统下应用一键 Ghost 应用软件

（a）“一键 Ghost”主菜单；（b）“一键备份 C 盘”窗口；（c）“一键恢复 C 盘”窗口

实训 7.2 杀毒软件的使用

【知识要点】

杀毒软件；查杀病毒。

【实训目的与要求】

（1）了解瑞星杀毒软件的功能。

（2）掌握瑞星杀毒软件的基本使用方法。

（3）掌握病毒隔离系统、漏洞扫描等其他功能的使用。

【实训内容与步骤】

应用瑞星杀毒软件查杀计算机系统病毒。

1. 瑞星杀毒软件升级

（1）启动瑞星杀毒软件，打开“瑞星杀毒软件”窗口，如图 7-9（a）所示。

（2）查看病毒库发布版本，单击“软件升级”按钮，启动升级程序，将杀毒软件升级到最新版本，如图 7-9（b）所示。

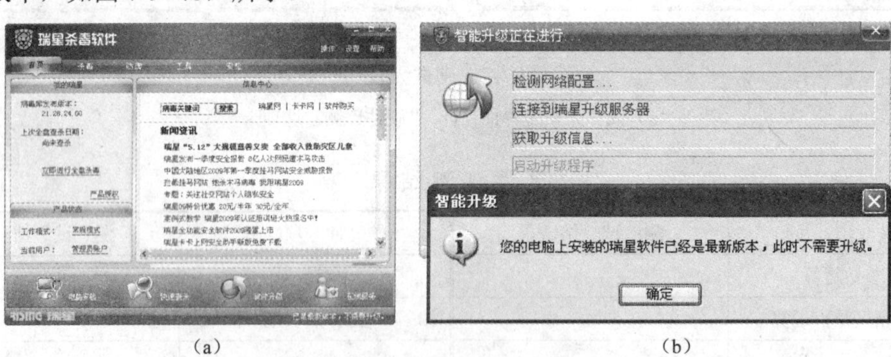

（a） （b）

图 7-9 瑞星杀毒软件升级

（a）“瑞星杀毒软件”窗口；（b）“智能升级”对话框

2. 查杀病毒

（1）全盘杀毒。操作步骤如下：

1）在瑞星杀毒软件首页，单击“立即进行全盘杀毒”链接文字，自动选定“杀毒”选项卡，并开始进行查杀病毒，如图 7-10（a）所示。

2）查杀结束，或单击“停止杀毒”按钮，打开“杀毒结束”对话框，如图 7-10（b）所示。

3）单击“确定”按钮，返回“杀毒”选项卡，单击右下方“详细信息”文字链接，记录查杀病毒情况。

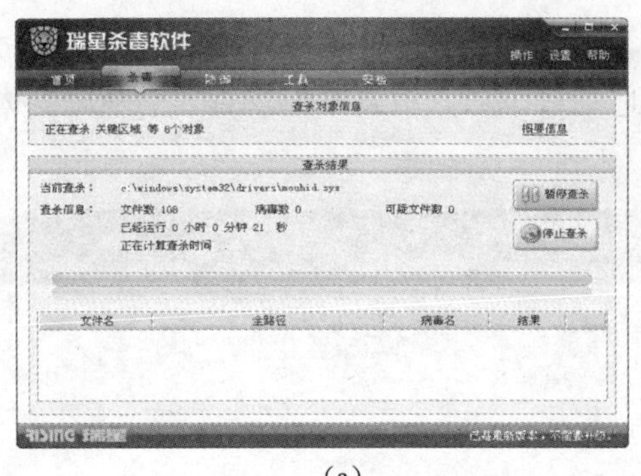

(a)

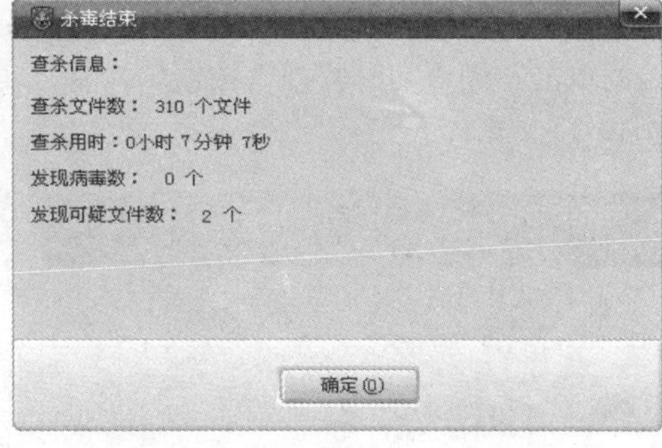

(b)

图 7-10 瑞星杀毒软件查杀病毒

(a)“杀毒”选项卡；(b)“杀毒结束”对话框

（2）指定目标杀毒。操作步骤如下：

1）在“杀毒”选项卡“对象”组中，选定“查杀目标”选项卡，默认情况下，所有对象均为选中状态，取消当前选择，选定“C 盘”，如图 7-11 所示。

2）在“设置”组中，设置各选项。

3）单击“开始查杀”按钮，开始查杀 C 盘的病毒，杀毒结束后，记录查杀病毒情况。

（3）指定文件或文件夹杀毒。操作步骤如下：

1）在“我的文档”文件夹上，右击鼠标，从弹出的快捷菜单中选择“瑞星杀毒软件”命令，如图 7-12 所示。

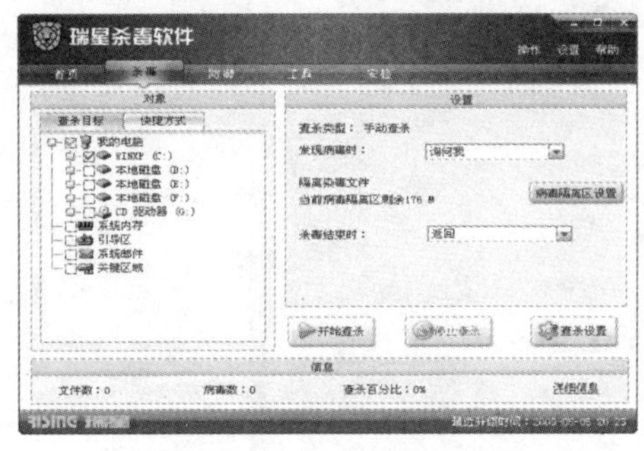

图 7-11 设置指定目标杀毒

图 7-12 指定文件或文件夹杀毒

2）自动启动瑞星杀毒软件并开始查杀病毒，杀毒结束后，记录查杀病毒情况。

3. 电脑安全检测

（1）在“瑞星杀毒软件”窗口中，选定“安检”选项卡，自动进行电脑安全检测并显示检测结果，如图 7-13 所示。

（2）根据“专家建议”进行设置，提高电脑安全等级。

4. 设置防御和实时监控

（1）在“瑞星杀毒软件”窗口中，选定“防

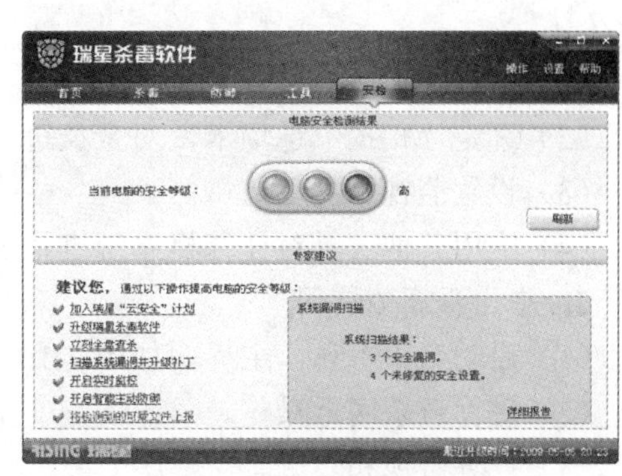

图 7-13 “安检”选项卡

御”选项卡，将“智能主动防御列表”所有控制设置为“开启”状态，如图 7-14（a）所示。

（2）单击左侧“实时监控”按钮，将“实时监控列表”所有监控设置为“开启”状态，如图 7-14（b）所示。

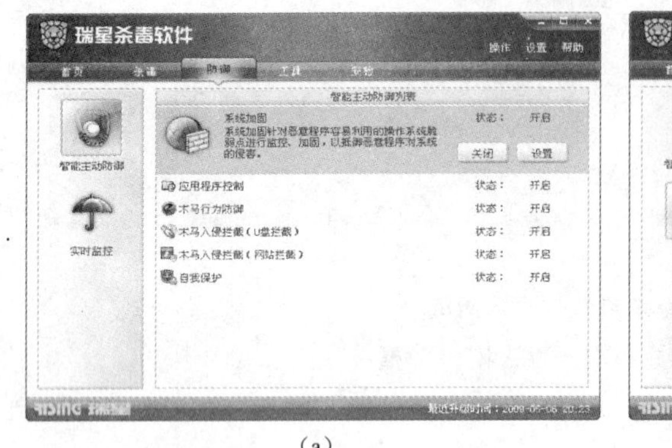

（a）

（b）

图 7-14 “防御”选项卡

（a）设置智能主动防御；（b）设置实时监控

【实践与提高】

1. 江民杀毒软件的使用

（1）启动江民杀毒软件，主界面如图 7-15 所示。

图 7-15 江民杀毒软件主界面

（2）选定“扫描”选项卡，对全盘进行扫描。

（3）设置监视和主动防御。

（4）应用其他工具对计算机系统进行维护，提高安全性能。

2. 金山毒霸的使用

（1）启动金山毒霸，主界面如图 7-16 所示。

（2）进行查杀病毒操作。

（3）设置监视和防御。

（4）应用其他工具对计算机系统进行维护，提高安全性能。

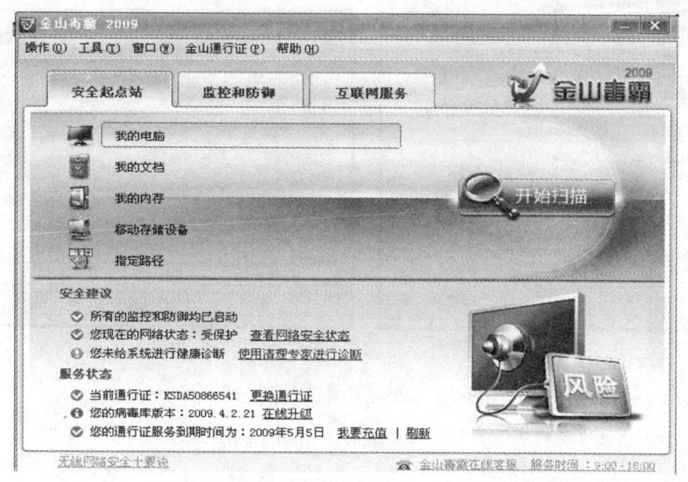

图 7-16　金山毒霸主界面

实训 7.3　网络工具软件的使用

【知识要点】

压缩；下载。

【实训目的与要求】

（1）了解常用的压缩工具软件。

（2）掌握 WinRAR 工具软件压缩和解压缩文件的操作方法。

（3）了解常用的下载工具软件。

（4）掌握 FlashGet 等下载工具软件的操作方法。

（5）掌握文件下载的方法。

【实训内容与步骤】

1. 应用 WinRAR 软件进行文件的压缩和解压缩操作

（1）创建压缩文件。操作步骤如下：

1）右击要压缩的文件或文件夹（如 D 盘的“软件”文件夹），从弹出的快捷菜单中选择“添加到压缩文件（A）”命令，打开“压缩文件名和参数”对话框，如图 7-17（a）所示。

2）输入压缩文件名（或使用默认文件名），选择压缩文件格式为“.rar”，其他为默认，单击“确定”按钮，观察创建压缩文件的过程，如图 7-17（b）所示。

提示： 从弹出的快捷菜单中选择“添加到‘软件.rar’”命令，可以快速创建压缩文件；如图 7-17（a）所示的“压缩文件名和参数”对话框中，选定“压缩选项”组“创建自解压格式压缩文件”复选框，生成的压缩文件扩展名为“.exe”，该文件解压缩时不需要 WinRAR 软件支持。

3）生成压缩文件后，查看压缩前后文件（夹）的基本属性，比较压缩前后文件（夹）的大小，填写表 7-3。

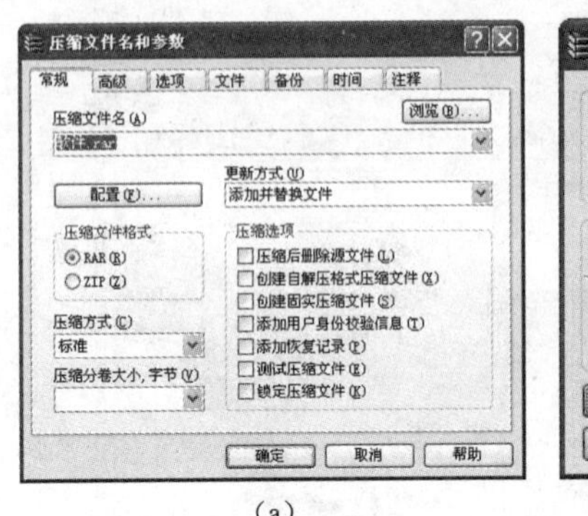

(a)

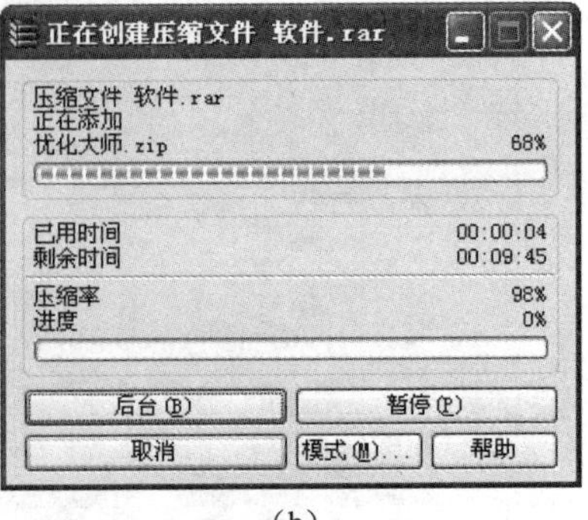

(b)

图 7-17 创建压缩文件（夹）

(a)“压缩文件名和参数”对话框；(b)“正在创建压缩文件”对话框

表 7-3 文件（夹）基本属性

时　间	文件（夹）名	创建时间	大小
压缩前			
压缩后			

(2) 解压缩文件。操作步骤如下：

1) 右击步骤 (1) 中创建的压缩文件，从弹出的快捷菜单中选择“解压文件 (A)”命令，打开“解压路径和选项”对话框，如图 7-18 (a) 所示。选择目标路径，设置更新方式和覆盖方式等，单击“确定”按钮，开始解压缩文件。

2) 双击压缩文件，打开 WinRAR 窗口，如图 7-18 (b) 所示。单击“解压到”按钮，打开“解压路径和选项”对话框，设置完成后，单击“确定”按钮，开始解压，也可完成解压缩文件操作。

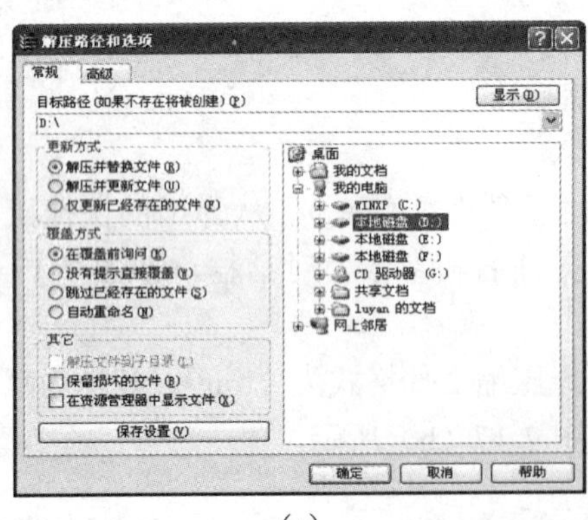

(a)

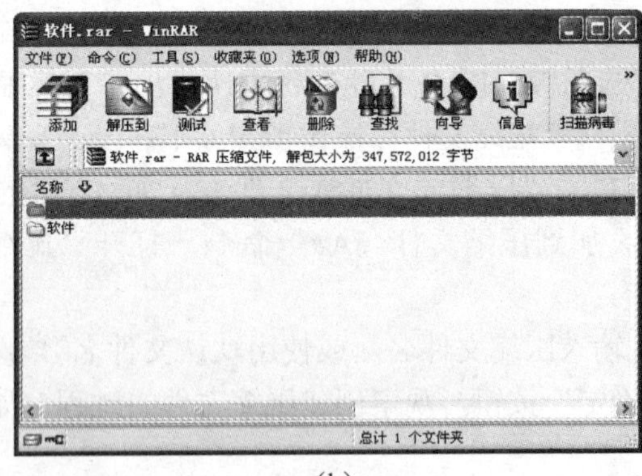

(b)

图 7-18 解压缩文件

(a)“解压路径和选项”对话框；(b) WinRAR 窗口

2. 应用 FlashGet 下载文件操作

(1) 从“快车 FlashGet”窗口中的资源中心下载工具软件。操作步骤如下：

1) 启动网际快车 FlashGet，在窗口的左侧单击“资源中心”按钮，选定“装机必备”选项卡，如图 7-19 (a) 所示。

2）在“聊天工具”组中，单击“腾讯 QQ2009”文字链接，自动启动 IE 浏览器，打开选定软件下载页面。

3）右击软件下载链接，从弹出的快捷菜单中选择“使用网际快车下载”命令，打开“新建任务对话框”，如图 7-19（b）所示。

(a)

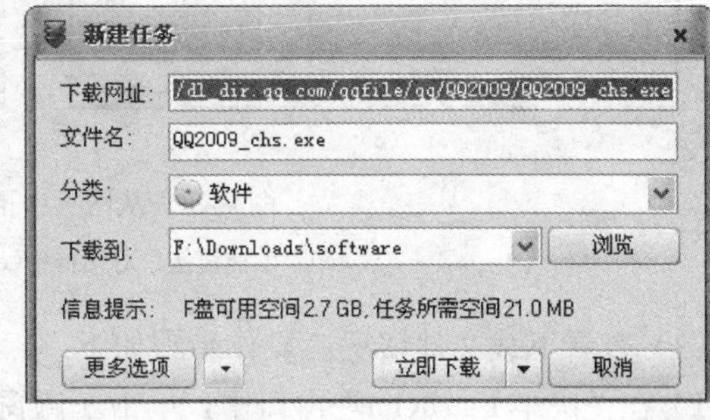

(b)

图 7-19 从资源中心下载文件

（a）“快车 FlashGet3.0”窗口；（b）“新建任务”对话框

4）输入或选用默认文件名，设置分类和下载的位置，单击“立即下载”按钮开始下载文件，下载结束提示用户“任务已完成!”。

提示： 用户在浏览网页过程中，在下载链接位置右击鼠标，从弹出的快捷菜单中选择“使用网际快车下载”命令，可自动启动 FlashGet 并进行下载。

（2）在网页中自动启动快车 FlashGet 下载文件。操作步骤如下：

1）登录百度 MP3 主页（http://mp3.baidu.com），输入歌曲名“我和你”，单击“百度一下”按钮，如图 7-20（a）所示。

2）检索到歌曲“我和你”，并以列表显示，如图 7-20（b）所示。

3）单击歌曲名，打开歌曲链接对话框，如图 7-20（c）所示。

4）右击歌曲链接，从弹出的快捷菜单中选择“使用网际快车下载”命令，打开“新建任务”对话框，如图 7-20（d）所示，输入文件名，设置分类和下载的位置，单击“立即下载”按钮，开始下载歌曲。

(a)

(b)

图 7-20 从网页中下载文件（一）

（a）“百度 MP3”首页；（b）搜索歌曲结果

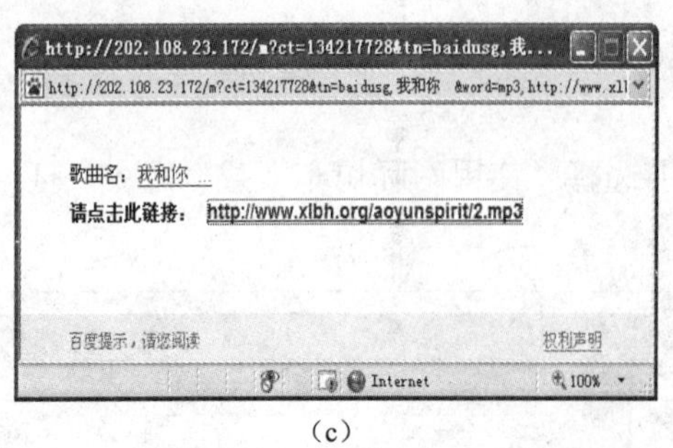

（c）

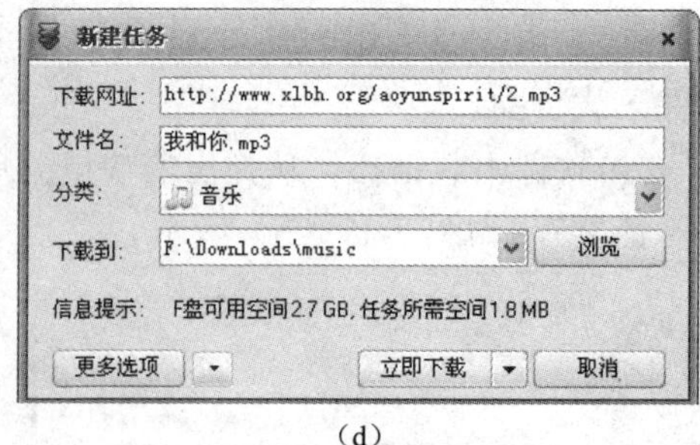

（d）

图 7-20　从网页中下载文件（二）

（c）“歌曲链接”对话框；（d）“新建任务”对话框

（3）查看下载文件情况。操作步骤如下：

1）在“快车 FlashGet”窗口中，单击左侧窗格中“全部任务”按钮，右侧窗格按日期显示已下载文件列表，如图 7-21 所示。

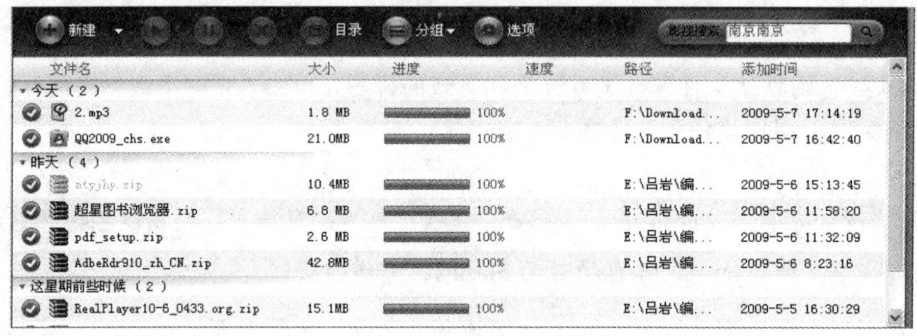

图 7-21　已下载文件列表

2）双击图 7-21 中已下载完成的文件，自动打开文件。

3）在“快车 FlashGet 3.0”窗口中，单击左侧窗格中“正在下载”按钮，右侧窗格显示正在下载文件列表，选定一个文件，分别单击“资源推荐”、“任务信息”、“连接信息”，查看下载文件相关信息，选择“下载分块图示”选项卡，查看正在下载文件下载分块图示进程，如图 7-22 所示。

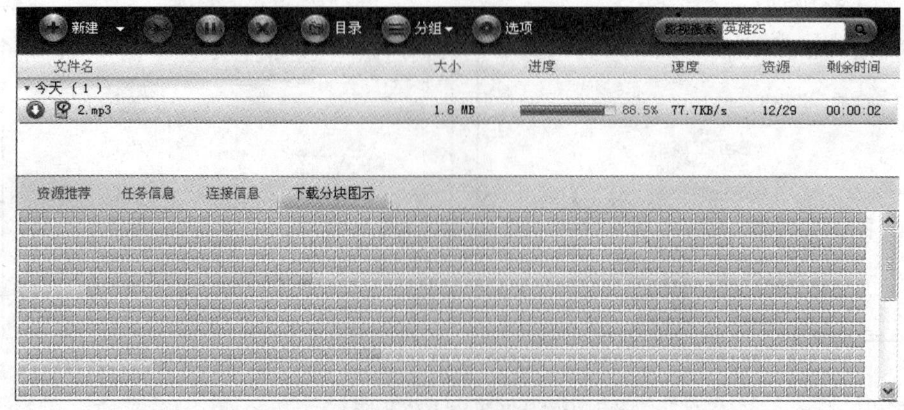

图 7-22　查看正在下载文件下载分块图示

【实践与提高】

（1）应用 WinRAR 程序，创建其他文件（夹）的压缩文件和自解压文件。

（2）练习其他压缩软件的使用。

1）应用 WinZIP 压缩软件压缩文件。

2）压缩各类文件，比较 WinRAR 与 WinZIP 压缩文件的压缩比。

（3）应用快车 FlashGet 3.0 下载装机常用工具软件。

1）登录迅雷官方网站（http://www.xunlei.com），下载迅雷并安装。

2）登录超级旋风官方网站（http://xf.qq.com），下载超级旋风并安装。

（4）练习应用 FlashGet 3.0 下载歌曲。

1）登录百度 MP3 主页（http://mp3.baidu.com）。

2）单击“歌曲 TOP500”文字链接，打开歌曲 TOP500 页面。

3）下载排名在前 5 位歌曲的 MP3 格式文件，保存文件到“D：\我的歌曲”文件夹中。

（5）练习其他下载工具软件的使用。

1）登录百度图片主页（http://image.baidu.com）。

2）使用迅雷下载 10 幅世界风光图片，保存图片文件到“D：\世界风光”文件夹中。

3）使用超级旋风下载 10 幅中国风光图片，保存图片文件到“D：\中国风光”文件夹中。

实训 7.4　多媒体工具软件的使用

【知识要点】

图像；多媒体。

【实训目的与要求】

（1）了解图像浏览软件 ACDSee 的功能，掌握 ACDSee 10 的使用方法。

（2）了解影音播放软件 Real Player 的功能，掌握 Real Player 的使用方法。

【实训内容与步骤】

1. 图像浏览软件 ACDSee 的使用

（1）浏览图片。操作步骤如下：

1）启动 ACDSee 10，在窗口左上角的“文件夹”窗格中，选定实训 7.3 中创建的“D：\世界风光”文件夹，查看文件夹中所有图片的缩略图，如图 7-23（a）所示。

（a）

（b）

图 7-23　ACDSee 浏览图片

（a）浏览图片；（b）查看图片

2）将光标移动到图片的缩略图上，快速浏览图片。

3）在图片缩略图中，双击图片，使用 ACDSee 10 快速查看器查看图片，如图 7-23（b）所示。

4）单击“上一个”、“下一个”按钮，按顺序浏览全部图片。

提示：在查看单张图片时，单击“浏览”按钮可切换到浏览图片状态。

（2）编辑图片。操作步骤如下：

1）如图 7-23（a）所示窗口中，单击“编辑图像”按钮，窗口切换到 ACDSee 图片编辑状态窗口，如图 7-24（a）所示。

2）单击“添加文本”按钮，打开“文字编辑”面板，在图片上添加文字“世界风光欣赏”，设置文字效果，设置完成单击“应用”按钮，如图 7-24（b）所示。

3）单击“完成”按钮，返回到“编辑面板”主菜单，选择其他命令，对图片做进一步的编辑，编辑完成保存图片。

（a）

（b）

图 7-24　ACDSee 编辑图片

（a）编辑状态窗口；（b）文字编辑

（3）创建幻灯片。操作步骤如下：

1）在菜单栏中，选择“创建”→“创建幻灯放映文件”命令，打开“创建幻灯放映向导”对话框，选择文件格式“独立放映的 EXE 格式文件”，如图 7-25（a）所示。

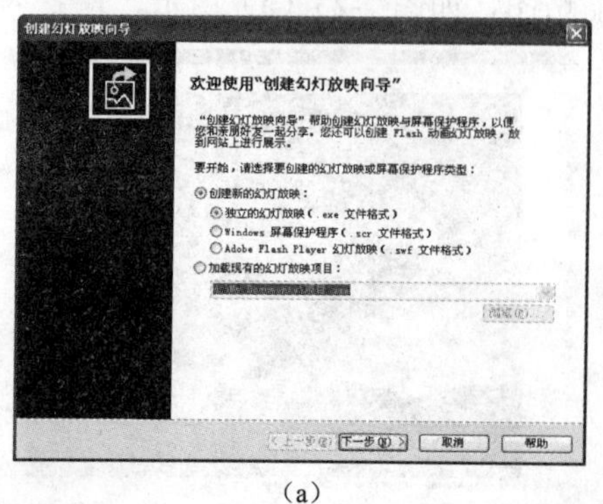

（a）

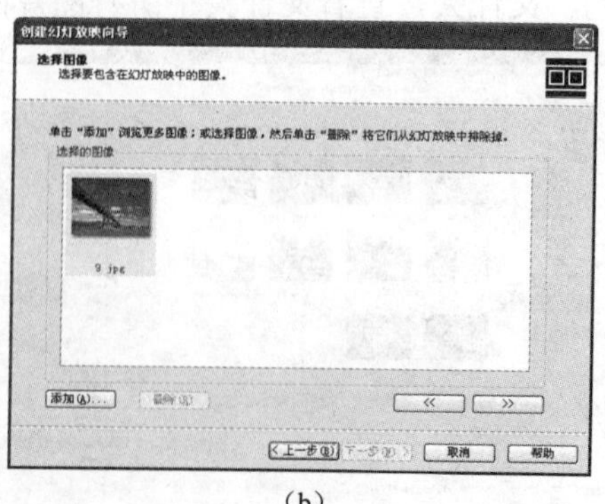

（b）

图 7-25　“创建幻灯放映向导”对话框（一）

（a）选择创建文件格式；（b）选择和添加图像

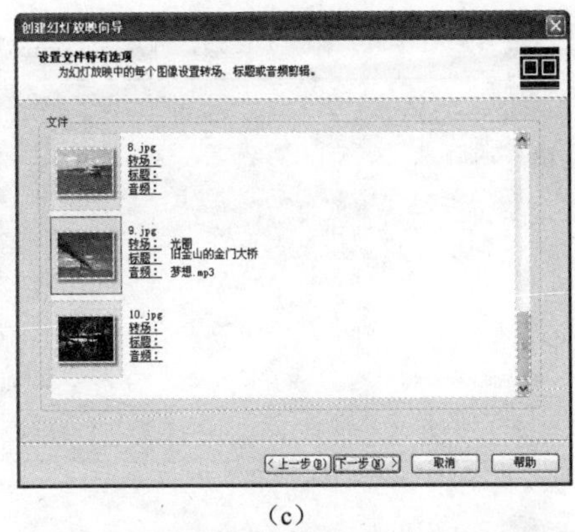

（c）

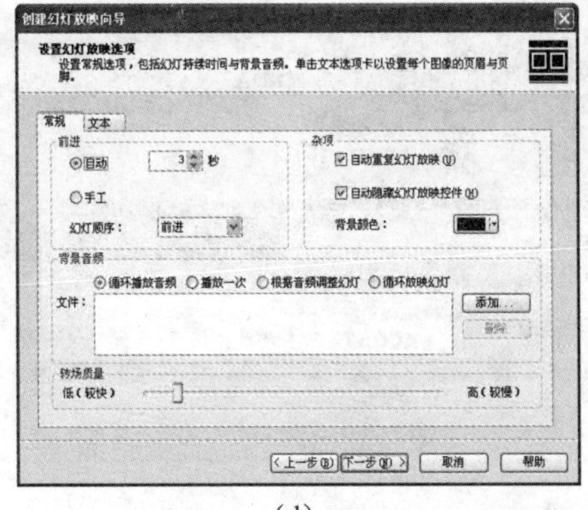

（d）

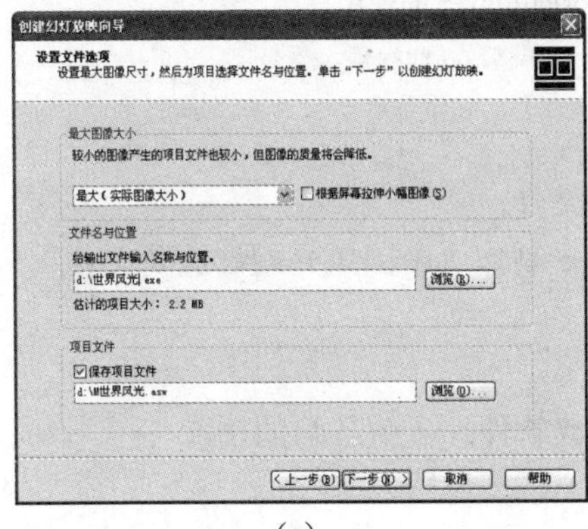

（e）

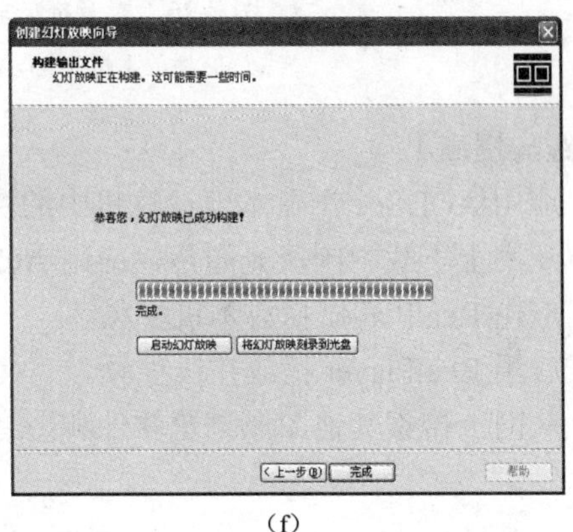

（f）

图 7-25 “创建幻灯放映向导”对话框（二）

（c）设置文件特有选项；（d）设置幻灯片放映选项；（e）设置文件选项；（f）构建输出文件

2）单击“下一步”按钮，依次完成添加图像操作，设置图像转场、标题和音频效果，设置幻灯片放映选项，设置文件夹选项等，如图 7-25（b）～（f）所示。

3）设置完成后，直接放映幻灯。

2. 影音播放软件 RealPlayer 的使用

（1）用 RealPlayer 播放本机 MP3 音乐。启动 RealPlayer，在菜单栏中，选择“文件”→“打开”命令，打开“打开”对话框，单击“浏览”按钮，选择 MP3 文件，开始在窗口中播放 MP3 音乐，如图 7-26（a）所示。

提示：当系统中安装了 RealPlayer 后，双击 MP3 文件，自动启动 RealPlayer 并开始播放。

（2）用 RealPlayer 播放在线视频。操作步骤如下：

1）启动 RealPlayer，选择“娱乐”选项卡，打开“娱乐”首页。

2）选择“音乐”选项卡，单击主页提供的资讯链接，或在“搜索”框中输入关键字，单击“搜索”按钮，搜索资讯。

3）打开所需的资讯页，单击“播放视频”按钮开始播放在线视频，如图 7-26（b）所示。

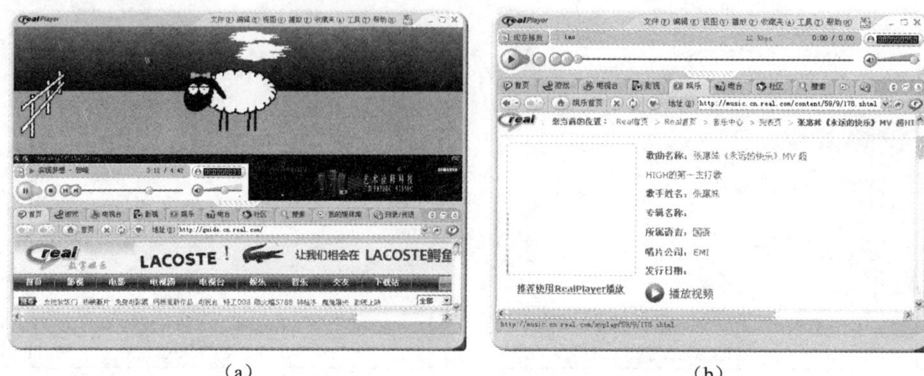

（a）　　　　（b）

图 7-26　影音播放软件 RealPlayer 的使用

（a）播放本机 MP3 音乐；（b）播放在线视频

【实践与提高】

（1）应用 ACDSee 浏览本地计算机中的图片文件。

（2）从网上下载中国风光图片，应用 ACDSee 制作“中国风光幻灯放映文件”。

（3）应用 RealPlayer 播放本机视频。

（4）应用 RealPlayer 播放在线视频。

（5）从网上搜索其他图像浏览软件和影音播放软件，了解各自的功能。

参 考 文 献

[1] 吕岩. 计算机应用基础. 北京：北京出版社出版集团，2007.

[2] 周立柱. 计算机基础. 北京：中国科学技术出版社，2004.

[3] 李淑华. 计算机应用基础学习指导与实训. 北京：高等教育出版社，2005.